自动化立体仓库中的穿梭车系统调度研究

 陈 华◎著

中国矿业大学出版社

·徐州·

内 容 简 介

本书主要研究了应用于自动化立体仓库中的穿梭车系统的若干调度问题。本书提出了自动化立体仓库出库作业过程中的直线往复单穿梭车系统的调度问题、直线往复双穿梭车作业于无重叠区和有重叠区两种情况下的优化调度模型和算法以及直线往复双穿梭车入库过程中的调度问题,在分析每个问题特征的基础上建立了问题的数学规划模型,并提出了对应的求解算法。同时,本书研究了应用较为广泛的环形轨道穿梭车系统的调度问题,即自动化立体仓库出库过程中的双穿梭车在作业区域不重叠时的调度问题和入库过程中一般情况下双穿梭车作业路径有重叠时的调度问题,并分别建立了这两个问题的数学规划模型,提出了对应的求解算法。

本书可供普通高等院校理工科专业及管理类专业的本科生和研究生阅读和参考。

图书在版编目(CIP)数据

自动化立体仓库中的穿梭车系统调度研究/陈华著
. —徐州:中国矿业大学出版社,2024.2

ISBN 978 - 7 - 5646 - 6176 - 2

Ⅰ. ①自… Ⅱ. ①陈… Ⅲ. ①无人搬运车—研究

Ⅳ. ①TH242

中国国家版本馆 CIP 数据核字(2024)第 053200 号

书　　名	自动化立体仓库中的穿梭车系统调度研究
著　　者	陈　华
责任编辑	满建康
出版发行	中国矿业大学出版社有限责任公司
	(江苏省徐州市解放南路　邮编221008)
营销热线	(0516)83885370　83884103
出版服务	(0516)83995789　83884920
网　　址	http://www.cumtp.com　E-mail:cumtpvip@cumtp.com
印　　刷	徐州中矿大印发科技有限公司
开　　本	787 mm×1092 mm　1/16　印张 12　字数 235 千字
版次印次	2024 年 2 月第 1 版　2024 年 2 月第 1 次印刷
定　　价	45.00 元

(图书出现印装质量问题,本社负责调换)

前　言

　　在"工业 4.0"时代,自动化和智能化成为制造业和物流业发展的必然趋势。自动化立体仓库以其存储容量大、土地利用率高、作业快速准确等优势,广泛应用于现代物流、智能制造、电子商务和军事后勤保障等领域。随着信息技术和自动化控制技术的不断发展,自动化立体仓库逐渐引领了物流仓储行业的新潮流。在自动化立体仓库中,计算机控制的堆垛机和穿梭车系统负责物资的入/出库操作。穿梭车可沿轨道单向行驶(环形穿梭车系统)或双向往复行驶(直线往复穿梭车系统)。穿梭车之间不得相互越过,也不允许发生冲突。由于安全原因,人工无法直接干预作业区域。在仓储作业中,对堆垛机与穿梭车系统进行有效调度成为自动化立体仓库应用的关键问题。通过合理调度穿梭车系统并协同调度堆垛机,可以显著提高穿梭车系统的搬运效率,从而大幅提升自动化立体仓库的吞吐率。

　　目前已有一些关于穿梭车系统调度的研究成果,其优化调度主要集中在基于系统仿真的穿梭车调度规则、派遣准则和双穿梭车冲突避免策略等启发式准则的讨论,未深入涉及堆垛机与穿梭车的协同调度。虽然这些研究能够得到可行的调度方案,但无法确保最优,因此未能保证搬运系统效率的最大化。如何利用数学规划的方法对穿梭车系统的调度问题进行建模和优化,以最大化物料搬运效率,是自动化立体仓库急需解决的问题。作者近年来一直致力于自动化立体仓库中穿梭车系统调度的研究,并在一系列研究的基础上将研究成果整理成本书。本书以具有直线往复穿梭车系统和环形穿梭车系统的自动化立体仓库物料入/出库过程为背景,研究了与堆垛机协同的直线往复单穿梭车、无重叠区双穿梭车、有重叠区双穿梭车调度问题,以及环形轨道双穿梭车系统调度等问题。本书首次采用数学规划法解决这一类问题,建立了相应的混合整数规划模型,目标是最小化物料出库时间,并根据问题特征提出了相应的求解算法。本书的研究为穿梭车系统的调度提供了新的解决思路,丰富了该领域的研究体系,具有一定的理论意义;考虑我国已建成的自动化立体仓库数量已达 8 000 座左右,研究具有一定的实际应用意义。

全书共分为 8 章。第 1 章为绪论,介绍了自动化立体仓库的发展趋势和入/出库作业过程;基于穿梭车系统的分类,提出了直线往复穿梭车系统和环行穿梭车系统调度的相关问题。第 2 章回顾了与本书研究内容相关的基本理论和国内外研究现状。第 3~6 章研究了直线往复穿梭车系统调度的问题,第 7~8 章探讨了环形穿梭车系统调度的问题。第 3 章详细讨论了物料出库过程中的直线往复单穿梭车系统的调度问题;通过充分分析作业过程,考虑了堆垛机与单穿梭车的协同作业;提出了堆垛机拣货顺序、穿梭车运送时间和运送位置等约束,并以最小化物料出库时间为目标函数,建立了与堆垛机协同的单穿梭车调度的混合整数线性规划模型;同时,给出了目标函数的下界,并证明了最优解具有的出库站分配特性;最后,提出了相应的求解方法。第 4 章在第 3 章的基础上,研究了出库过程中直线往复双穿梭车系统的调度问题;为了避免双穿梭车之间的冲突,将存储区划分为由两辆穿梭车各自负责的两个区域,并设定两辆穿梭车可在区域边界巷道内共同搬运物料;在单穿梭车调度约束的基础上,增加了分区约束和区域边界点约束;以最小化物料出库时间为目标函数,建立了与堆垛机协同的无重叠区的双穿梭车调度的混合整数规划模型,并给出了目标函数的下界;根据问题的特征,设计了混合遗传算法用于解决该问题。第 5 章在第 4 章的基础上,探讨了物料出库过程中一般情况下穿梭车运行轨迹有重叠区域的直线往复双穿梭车调度问题;面对可能发生碰撞的重叠区域,引入了冲突避免约束;以最小化物料出库时间为目标函数,建立了与堆垛机协同的有重叠区的双穿梭车调度混合整数规划模型,并提供了目标函数的下界;在分析问题特征的基础上,提出了混合遗传禁忌搜索算法来解决问题。第 6 章分析了货物入库过程中直线往复双穿梭车与堆垛机协同作业的调度问题以及穿梭车碰撞避免等问题;引入了分区法,以最小化货物入库时间为目标,提出了分区约束、穿梭车与堆垛机协调作业约束以及分区临界点穿梭车碰撞避免约束等,构建了混合整数线性规划模型;同时,设计了自适应灾变遗传算法来解决该问题。第 7 章讨论了物料出库过程中的环形轨道双穿梭车调度问题；采用分区法简化问题，以最小化物料出库总时间为目标，提出了分区约束、碰撞避免约束以及穿梭车与堆垛机协同作业等约束，建立了分区模式下环形轨道双穿梭车优化调度问题的混合整数线性规划模型；同时，设计了一种混合自适应遗传算法来解决该问题。第 8 章在第 7 章的基础上，研究了一般情况下穿梭车作业区域有重叠的环形轨道双穿梭车调度问题；通过对环形轨道运作环境下两辆穿梭车碰撞情况的分析，以最小化货物总入库时间为目标，考虑了同一辆穿梭车运送、两穿梭车碰撞避免以及穿梭车与堆垛机协同运作等约束，构建了混合整数规划模型，并设计了一种混合变邻域禁忌搜索算法以快速解决问题。

　　本书内容是作者多年研究工作的总结，在写作过程中得到了周支立教授的指导和帮助。西安科技大学管理学院领导以及王新平、李红霞、孙林辉、王天浩等也在本书研究及撰写期间给予了支持与帮助，对他们表示感谢！

　　在书稿撰写过程中，作者力求理论与实践相结合，系统梳理了自动化立体仓库中穿梭车系统调度问题的模型与方法，并通过实际仓库布局设计算例验证了模型和算法的有效性。由于作者水平所限，一些内容仍待完善或深入研究，对于书中不足之处，恳请读者批评指正。

作　者

2023 年 12 月

目　　录

1　绪　　论

1.1　引言

　　物流业是国民经济的动脉。在经济全球化和通信技术迅猛发展的双重推动下,物流业发生了重要的变化——由单一化人工控制的传统物流转型为高度信息化和集成化的现代物流。仓储作为现代物流的中心环节,连接着物流的各个部分,也随着物流业的变化发生了前所未有的改变,由传统的劳动密集、效率低下的传统仓库逐步转型为存储紧致化、服务时间即时化的自动化立体仓库(automated storage and retrieval system,简称 AS/RS)。AS/RS 是在不直接进行人工干预情况下的自动存储和拣取物料系统,于 20 世纪 60 年产生于美国,20 世纪 80 年代在我国开始推广[1]。AS/RS 主要由高层立体货架、自动存取设备、计算机控制系统、通信系统和物料搬运系统组成,集成了各类物流信息技术和自动化技术,具有存储容量大、作业快速准确、土地利用率高、物流费用低以及人工成本低等传统仓库不具备的优点,非常适用于目前土地资源日益紧缺和劳动成本逐步增长的情况[2-3]。根据不完全统计,截至 2022 年年底,我国累计建成的大型自动化立体仓库的数量达到 7 986 座,主要应用于制造、物流、医药、烟草、军需、食品、救灾物资存储等行业领域[4-7]。作为现代物流的重要组成部分,自动化立体仓库的运行效率对整个物流系统的效率有十分重要的影响[8]。随着 AS/RS 的普及和推广,如何提高 AS/RS 的运行效率逐渐成为业界和学者关注的焦点。

　　在 AS/RS 中,物料搬运系统(material handling system,简称 MHS)一般由输送带和自动搬运设备等组成,由计算机控制系统调度和控制,主要完成物料输送的功能。由于 MHS 连接物料存储系统和入/出库站(input/output station,简称 I/O 站),是 AS/RS 物料入/出库作业的枢纽系统,其作业效率对 AS/RS 的吞吐率有决定性作用。目前,在自动化立体仓库中较为常见的自动化搬运设备有自动导引车(automated guided vehicle,简称 AGV)和穿梭车(rail guided vehicle,简称 RGV)两种。AGV 是一类配备电、磁传感器,激光传感器等自动导引装置,能够沿地面铺设的导引路线行驶的无人驾驶搬运设备。AGV 系统具有搬运效率高、人工成本低、可靠性高等优点,主要应用于制造系统的物料搬运系统[9]。目前,国内外关于 AGV 系统优化问题的研究体系较为完善,成果丰富,主要集中于车辆分派、路径规划、路线选择、多 AGV 冲突避免、死锁避免等方面[10]。RGV 是一种轨道式的 AGV,具有成本低、速度快、可靠性高、易于控制等优点[11-14],广泛应用于 AS/RS 和柔性制造系统(flexible manufacturing system,简称 FMS)。RGV 的轨道形式有环形轨道、直线轨道和转轨三种[15],根据采用的轨道形式不同可将 RGV 系统对应地分为环形轨道 RGV(也称为环形 RGV 或环轨 RGV)系统、直线往复 RGV 系统和转轨 RGV 系统。在环形 RGV 系统中,一辆或多辆 RGV 沿环形闭合轨道的某个方向循环行驶,将物料从一个地点搬运至另一个地点[16],这种 RGV 系统的作业效率比较高。在转轨 RGV 系统中,RGV 能够在 T 形或 Y 形等有岔道的轨道上往复行驶,对物料进行搬运,这种 RGV 系统适合于特殊的场地。在直线往复 RGV 系统中,RGV 可沿直线轨道的两个方向往复行驶,搬运物料,它具有占地面积小、成本低、制造工艺简单、输送快捷等优点。当前在 AS/RS 和 FMS 中应用较为广泛的 RGV 系统主要是环形 RGV 系统和直线往复 RGV 系统,转轨 RGV 系统的应用较少。

在一类军用物资储备自动化立体仓库中,物资以托盘或箱体为单位进行存储、搬运和拣取,为了方便描述,下文中均以"一件物料"指代一托盘物料。一托盘物料具有体积较大、重量较重(质量可达 1 t)的特点,其在巷道内的存储、拣取操作由堆垛机执行,物资在巷道外与入/出库站之间的搬运操作由 RGV 系统执行,堆垛机和 RGV 系统均由计算机系统统一进行调度和控制。货架与入/出库站之间的区域是封闭的,人工无法直接干预堆垛机和 RGV 系统的操作。入/出库站以外区域的物料搬运作业均由人工操控的叉车完成。AS/RS 入/出库作业效率的高低主要取决于计算机系统对 RGV 系统和堆垛机调度方案的优劣。因而,如何对 AS/RS 系统物料入/出库过程进行优化调度以提高 AS/RS 的入/出库效率是这类 AS/RS 管理者关注的重点问题。此外,据作者观察,类似的大量物资集中入/出库的情况在其他的仓库中也会遇到,如电商企业的 AS/RS。在大型电商促销时,商品的销量往往异常巨大,且需要尽快发货,此时企业需要有效应对大量物资集中出库的问题。因此,研究 AS/RS 物料入/出库过程优化调度问题是很有应用价值的。

在使用 RGV 系统的 AS/RS 中,物料出库过程主要由堆垛机作业和 RGV

作业完成。图 1-1 给出了一个有直线往复 RGV 系统的 AS/RS 的示意图。AS/RS中每条巷道内均配备一台堆垛机,可以同时在水平和垂直方向上运行,负责其所在巷道内货架与入/出库输送机之间的物料存/取作业。RGV 系统负责入/出库输送机与入/出库站之间的物料输送作业。由于每条巷道内必须配备一台堆垛机以完成巷道内的物料搬运作业,堆垛机的数量往往多于 RGV 的数量,RGV 系统总是较为忙碌的,因而,相对堆垛机而言,RGV 系统是 MHS 中瓶颈的环节,其运作效率对 MHS 的运作效率起到决定性的作用。当系统中有两辆或多辆 RGV 同时作业时,若调度不当,RGV 之间极易产生相互碰撞或死锁,导致物料搬运系统阻塞。此外,虽然堆垛机与 RGV 均能高速准确地运行,但协调不当,往往造成不必要的 RGV 等待时间或额外的 RGV 往复行驶时间,最终导致物料搬运系统效率低下。因此,如何有效调度物料出库过程中与堆垛机作业协同的 RGV 系统以保证 MHS 高效稳定地运行是需要重点解决的问题。

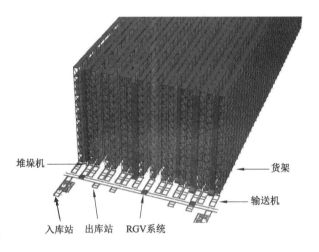

图 1-1 有直线往复 RGV 系统的 AS/RS 示意图

当前针对 RGV 系统的调度研究较少,研究成果还非常有限,尤其缺乏对 RGV 系统的优化调度问题进行数学建模和优化求解的研究文献。目前,针对 RGV 系统的研究侧重于 RGV 系统的设计、车辆数量的确定等方面。在 RGV 系统的优化控制方面,现有研究文献主要集中于 RGV 的分派规则、调度规则、冲突避免策略以及环形 RGV 系统的死锁避免等方面的仿真研究。通过这些基于系统仿真模型的规则或策略能够找到一个可行方案。然而,由于系统仿真模型仅是对实际系统的直观描述,精度不足,且采用调度规则较难预测调度结果,因此不能保证所得到的方案最优。此外,采用调度规则、分配策略等所得到的调度方案往往会产生额外的 RGV 等待时间或多余的 RGV 往复行驶时间,并不能保证调度方案的质量。然而,当前尚未有文献对 RGV 系统进行数学建模和优化调度,且针对 AS/RS 中的 RGV 系统调度问题开展的研究较少,在对 RGV 系统进行优化时一般将堆垛机的调度与 RGV 系统的调度孤立起来进行研究。由于物料的出库过程由堆垛机操作和 RGV 操作共同完成,若堆垛机与 RGV 协调不当,必然造成额外的 RGV 往复行驶时间或等待时间。因此,如何将堆垛机与 RGV 有效整合起来调度,以最大化 MHS 的搬运效率也是需要考虑的问题。综上可知,当前针对 RGV 系统优化调度的研究还处于早期的发展阶段,仍有许多问题尚未解决。比如,尚未见使用数学规划法对 RGV 的优化调度问题进行数学建模的研究文献;研究 RGV 系统中有两辆或多辆 RGV 时的冲突避免问题的文献比较少。这些研究的缺乏为本书开展深入研究提供了很好的切入点。

1.2　问题的提出

随着 RGV 系统的日渐推广,对 RGV 系统进行优化调度以提高系统运行效率的迫切性也日益增大。通过上述对研究背景的分析可以发现,当前针对 RGV 系统调度方面的研究侧重于使用调度规则、派遣规则等的仿真研究,系统仿真的方法能够很快得到可行的调度方案,然而也存在一些问题——所得方案仅是可行方案,并不能保证搬运系统的效率最大化。数学规划法是一种将问题抽象为数学表达式,并求其极值的一种数学优化方法,是现代管理科学的重要研究方法。当前只有少数文献采用数学规划法对 RGV 系统的优化调度问题进行研究。此外,在针对 AS/RS 中的 RGV 系统调度研究文献中,学者往往将堆垛机与 RGV 系统进行单独研究。本书以具有穿梭车系统的 AS/RS 物料入/出库过程为背景,将堆垛机调度与 RGV 调度耦合,用数学规划法对与堆垛机协同的 RGV 系统的若干优化调度问题进行数学建模,以期以更高精度对问题进行优化求解。随着计算机性能的提高,求解大规模复杂调度问题已不再是不可能,本书的研究具有重要的理论意义。

本书主要研究的问题如下:

(1) AS/RS 中直线往复单 RGV 系统调度问题。在 AS/RS 中,物料的出库过程由堆垛机作业和 RGV 作业构成。AS/RS 系统收到出库指令后,物料先由巷道内的堆垛机从货架上的存储储位中取出并搬运至巷道口的出库输送机上,再由空闲的 RGV 搬运至出库站。在此过程中,由于堆垛机拣取不同储位中物料所需时间不同,且堆垛机、RGV 与出库输送机的容量有限,若堆垛机与 RGV 协调不当,会造成 RGV 等待,或产生不必要的 RGV 往复行驶距离,结果必然导致物料出库总时间增加。因此,不能将堆垛机系统与 RGV 系统孤立起来单独研究。为了最大化 AS/RS 系统的出库效率,将堆垛机作业与 RGV 作业整合起来进行调度是非常有必要的。本书的第一个研究问题主要解决 AS/RS 出库过程中的直线往复单 RGV 系统的调度问题,目标是使物料出库时间最小。在对 RGV 系统进行调度时,将 RGV 与堆垛机的调度进行整合。在本书研究的其他几个问题中,均将 RGV 调度和堆垛机调度耦合。通过对直线往复单 RGV 系统进行研究,以期明确 RGV 系统运作的规律和特性,为研究更复杂的多穿梭车系统的优化调度问题夯实基础。

(2) 分区模式下的 AS/RS 中直线往复双穿梭车(双 RGV 或 2-RGV)系统调度问题。由于单个 RGV 往往难以满足物料搬运系统的需求,同时有两辆及两辆以上 RGV 的系统更为常见。当直线往复 RGV 系统中有两辆 RGV 时,任一辆 RGV 在搬运物料的过程中,在某时刻需要访问某一段轨道或某个位置时,极有可能与另一辆 RGV 发生碰撞,这种碰撞可能在两辆 RGV 相向行驶时发生,也可能在一辆载货行驶的 RGV 与一辆停在某位置的 RGV 相撞。如何有效避免 RGV 之间的碰撞是直线往复 2-RGV 系统调度中需要解决的首要问题。一个直观的解决直线往复 2-RGV 冲突避免的方法是分区法,即将 RGV 系统沿轨道分为两个区域,并将两个区域内的物料运输作业分别分配给两辆 RGV,则两辆 RGV 的行驶路线不会产生重叠区域,能够最大限度地减少 RGV 碰撞发生的可能。本书研究的第二个问题是路线无重叠区的直线往复 2-RGV 调度问题,该问题除了需要考虑堆垛机的协同调度,还需要确定一个最佳的区域划分。

(3) 不分区模式下直线往复 2-RGV 出库调度问题。虽然分区法能够有效减少并避免往复行驶于直线轨道上的两辆 RGV 之间的碰撞,然而当两个区域内出库物料数量不等或两个区域内物料的堆垛机拣货时间差异较大时,可能造成某个区域内的 RGV 非常繁忙,而另一辆 RGV 在完成所分配的物料搬运作业后空闲,此时,系统整体的物料搬运能力并不能完全发挥,系统运作效率不一定最优。因此,研究两辆 RGV 行驶路线有重叠区的直线往复 2-RGV 冲突避免的调度问题非常有必要。本书研究的第三个问题是当两辆 RGV 的运行路线有重叠区时,如何找到一个能够使得物料的出库时间最小且无冲突的 2-RGV 调度。

(4) 分区模式下直线往复 2-RGV 系统入库调度问题。考虑在先进制造系统中,成品生产完后需要尽快存储至自动化仓储中,此时 RGV 系统依然是关键环节,若调度不当,会大大影响产成品的入库效率。入库作业时直线往复2-RGV系统的调度问题与出库作业的调度问题稍有差异,需要为每个入库作业指定储位。根据不同产品的周转率将产品分为A、B、C三类,并分别指定存储区域。在进行RGV调度时,采用分区法对问题进行简化。本书研究的第四个问题是分区模式下如何对入库过程的RGV和堆垛机作业进行调度,使得入库时间最小,且无RGV冲突。

(5)分区模式下AS/RS出库作业时环形2-RGV系统调度问题研究。环形RGV系统应用非常广泛,在有环形RGV系统的AS/RS中,货架位于环形轨道一侧,入/出库口在环形轨道的另一侧,所有RGV均沿着轨道的一个方向行驶,在货架和入/出库口之间搬运物料。在运行期间,若调度不当,易产生RGV空跑、相互等待等情况,因此对环形RGV系统进行优化调度也能提高物料搬运系统的效率。本书拟在分析环形2-RGV系统的运行特点的基础上,研究如何合理调度环形2-RGV系统,以使出库作业时间最短。

(6)不分区模式下环形2-RGV系统调度问题。虽然轨道分区是学者较常采用的简化RGV调度问题的方法,但这种方法的弊端明显:不能保证调度方案的质量,尤其在出库或入库作业在不同区域分布不均时,往往造成RGV空跑、利用率不高等问题。为了克服分区模式的缺点,本书研究一般意义下的环形2-RGV系统的调度问题。以物料入库过程为背景,在对环形2-RGV系统运行规律分析的基础上,研究如何对作业区域无重叠的2-RGV系统进行合理调度,以使物料入库作业时间最短。

1.3　研究内容

针对以上提出的研究问题,本书主要从以下几个方面对具有直线往复RGV系统和环形RGV系统的AS/RS物料入、出库过程的调度问题展开研究,系统地研究了与堆垛机协同的直线往复单穿梭车系统、无重叠区的直线往复2-RGV系统、有重叠区的直线往复2-RGV系统、有重叠区的直线往复多穿梭车系统以及环形穿梭车系统等的调度问题。通过对单RGV系统调度问题进行研究,发现并证明了问题的一些特性,通过比较分析,验证了堆垛机与RGV协同调度的重要性,为后续研究打下基础;分别研究了2-RGV在行驶路线无重叠区和有重叠区作业模式下的RGV冲突避免调度问题;最后研究了环形RGV系统的调度问题。具体研究内容如下所述:

(1)针对具有直线往复单RGV系统的出库调度问题,建立了与堆垛机协同的单RGV调度的混合整数规划模型,目标是物料的出库时间最小。探讨了最优解的性质,并给出了问题的下界。考虑在对 RGV 调度时,需要同时为每条巷道内的堆垛机确定拣货顺序,为每个托盘物料选择一个出库站,问题较为复杂,很有可能是 NP 难题,因而提出了改进遗传算法对问题进行求解,并结合最优解性质对新种群的每个染色体的出库站进行调整以改进新种群。最后,通过算例试验验证了模型和算法的有效性。

（2）针对考虑行驶路线无重叠的直线往复 2-RGV 系统的出库调度问题,为了避免冲突,使用区域划分的方法将出库输送机和出库站沿轨道上某点分为左右两个不重叠的区域,将两个区域内的运送分别分配给两辆 RGV,以最大限度地减少 RGV 之间发生碰撞的可能性,大大降低了问题的求解难度。建立了与堆垛机协同的无重叠区 2-RGV 调度的混合整数规划模型,目标是物料的出库时间最小。在对 RGV 系统进行调度时,需要考虑如何分区能够最大化系统的搬运效率,整合堆垛机进行调度,并为每托盘物料确定出库站,问题较为复杂,因此提出了混合遗传算法求解问题,同时采用禁忌搜索算法对问题进行求解,给出了该问题的下界以评价算法的性能。

（3）针对考虑 RGV 行驶路线有重叠区的直线往复 2-RGV 系统的出库调度问题,通过对产生冲突的可能情况进行分析,提出了 RGV 冲突避免约束条件,结合堆垛机出库顺序约束,建立了与堆垛机协同的有重叠区 2-RGV 调度问题的混合整数规划模型,目标是使物料的出库时间最小。由于需要考虑 RGV 之间的冲突避免约束,该问题比前两个问题更为复杂。为了求解问题,提出了混合遗传禁忌搜索算法,针对问题的特征建立了染色体编码方式,以及原问题可行解的构建算法。为了评价算法性能,给出了问题的下界。对不同规模的算例用混合遗传禁忌搜索算法、CPLEX、TS、HGA 及两种基于规则的调度方法进行求解。

（4）针对具有直线往复 2-RGV 系统的入库作业调度问题,通过分析不同产品的周转率对产品进行分类,并按产品类别指定存储区域。同时,对入库过程中可能存在的 RGV 碰撞情况进行分析,提出了对应的冲突避免约束及 RGV 与堆垛机协同作业的约束,建立了该问题的混合整数规划模型,目标是最小化产品的入库时间。在分析问题特征的基础上,提出了以自适应灾变遗传算法求解该问题,并通过算例试验验证了算法的有效性。

（5）对具有环形 2-RGV 系统 AS/RS 的出库过程进行调度,将货架区域和出库站分别分成两个区域,指定两辆 RGV 分别服务于某个货架区域的出库作业。对分区模式下可能存在的 RGV 碰撞避免约束、RGV 与堆垛机作业顺序约束等进行分析,建立了该问题的混合整数规划模型,目标是最小化物料出库总时间。在分析问题特征的基础上,提出了一种混合自适应遗传算法以求解该问题。

（6）针对 AS/RS 入库过程中一般意义下的环形 2-RGV 系统调度问题进行研究。充分分析了该作业模式下环形 2-RGV 系统可能存在的碰撞情况，以物料总入库时间最小为目标，提出了穿梭车作业顺序约束、两穿梭车碰撞避免等约束，建立了该问题的混合整数规划模型。由于问题较为复杂，根据问题特征设计混合遗传禁忌搜索算法求解该问题，最后用算例试验验证了算法的有效性。

1.4　全书内容安排和结构框架

全书内容安排如下：

第 1 章为绪论。阐述了所研究问题的背景，提出了研究该问题的必要性，对所研究的问题进行了界定，并对研究内容进行简要介绍。

第 2 章为相关理论综述。主要对与本书所研究问题相关的一些问题和研究方法进行了综述，奠定了本书研究的理论基础。

第 3 章研究了 AS/RS 物料出库过程中与堆垛机协同的直线往复单 RGV 调度问题。通过分析物料出库的详细过程，建立了与堆垛机协同的单 RGV 调度的混合整数线性规划模型，证明了最优解的一个性质，提出了问题的下界，并提出了改进遗传算法求解问题。

第 4 章研究了 AS/RS 物料出库过程中与堆垛机协同的无重叠区的直线往复 2-RGV 调度问题，将单 RGV 调度问题拓展为直线往复 2-RGV 调度问题，为了减少碰撞，采用分区法对问题进行简化，建立了与堆垛机协同的无重叠区 2-RGV 调度的混合整数规划模型，最后给出了求解方法。

第 5 章研究了 AS/RS 物料出库过程中与堆垛机协同的 RGV 行驶路线有重叠区的直线往复 2-RGV 调度问题，提出了冲突避免约束，建立了与堆垛机协同的有重叠区 2-RGV 调度的混合整数规划模型，并提出了混合遗传算法求解问题。

第 6 章研究了 AS/RS 物料入库过程中与堆垛机协同的有重叠区的直线往复 2-RGV 调度问题，建立了与堆垛机协同的有重叠区 RGV 调度的混合整数规划模型，给出了求解算法。

第 7 章研究了具有环形 2-RGV 系统的 AS/RS 出库过程中与堆垛机协同的无重叠区的穿梭车调度问题，建立了该问题的混合整数规划模型，并提出了求解算法。

第 8 章研究了 AS/RS 入库过程中一般意义下的环形 2-RGV 系统的调度

问题,考虑了 RGV 与堆垛机的协同作业,建立了该问题的混合整数规划模型,并提出了求解算法。

本书结构框架见图 1-2。

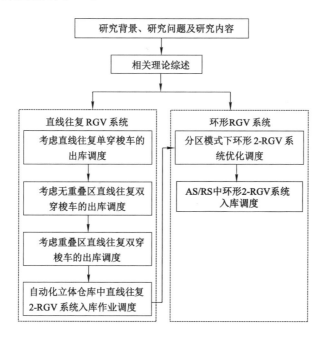

图 1-2 本书结构框架

2　基础理论

　　本书研究了 AS/RS 入/出库过程中与堆垛机协同调度的直线往复 RGV 系统及环形穿梭车系统的调度问题。基于第 1 章所提出的研究问题,本章主要回顾了与本研究相关的基础理论、研究方法及相关的研究文献。

2.1　组合优化问题的求解方法

　　RGV 系统的调度是为了实现 RGV 系统效率最大化而对 RGV 系统进行时间上的资源分配的过程,即为 RGV 搬运作业进行排序,确定 RGV 在指定时间访问指定位置,以最大化 RGV 系统的搬运效率。调度问题一般属于组合优化问题,因此,首先对常见的组合优化问题的求解方法进行综述。

　　组合优化技术是以数学为基础,用于解决各种工程、生产优化问题的应用技术,是一个重要的科学分支[17]。组合优化问题的可行解集是有限集合,组合最优化的目的是从可行解集中按某目标找出最优解。这类问题大量存在于人工智能、交通运输、生产调度、管理科学、计算机科学、电子工程、系统控制等领域,比较经典的组合优化问题有旅行商问题、图着色问题、装箱问题等。一般而言,一个组合优化问题包含三个基本要素:变量、约束和目标函数。从理论上讲,组合优化问题能通过枚举法、分支定界法等精确算法求出最优解。然而,在现实中,随着组合优化问题规模增大,变量、约束等的数量呈爆发式增长,要在一定的时间和资源的限制下求出最优解,几乎是不可能实现的。因此,一般的组合优化问题都是 NP 难题。组合优化问题的求解方法最初主要是基于规则的调度方法和整数规划法,后来,随着新兴学科的产生以及其他相关优化方法的发展,逐渐出现了神经网络、人工智能、遗传算法等研究方法。当前,组合优化问题的研究方法所涉及的学科非常广,本书简要叙述几类应用较为广泛的组合优化问题的研究方法。

　　(1) 运筹学方法

运筹学方法主要是通过对问题的分析,建立问题的数学模型,并对其进行求解,目的是对有限资源进行合理利用,为决策提供科学依据[18]。数学规划又称数学优化,是运筹学的一个重要分支,是将问题抽象为数学关系,采用等式或不等式表述的约束条件下,求一个或多个目标的极值问题的方法。数学规划法能够通过大量的数学分析及运算,对所研究的问题进行科学安排,目的是达到对物力、人力等的最佳使用,是一种在管理学科中常用的建模工具和求解问题的方法,在经济、金融、军事、交通运输、工程等领域得到了非常广泛的应用[19]。数学规划包含许多研究分支:整数规划、组合优化、随机规划、线性规划、非线性规划、多目标规划等。数学规划法的优点是能够得到问题的全局最优解,但缺点是对于规模较大的问题,难以在合理时间内求出最优解[20]。数学规划的求解方法一般有枚举法、单纯形法、对偶单纯形法、分支定界法、割平面法、拉格朗日松弛法等,这些方法属于精确算法。除了数学规划外,运筹学有其他分支,如图论、决策论、排序与统筹方法等。

（2）启发式算法

对于 NP 难题,通常难以在合理的时间或空间内通过精确算法求得最优解,因此,通常采用一些巧妙的算法对问题进行求解,这些算法的运行机制往往来自大自然的某些规律或人类积累的工作经验,通常被称为启发式算法[21]。启发式算法是指能够快速找到问题的最优解或近似解的方法。这种方法,可以是经验法则,直觉判断,也可以是基于自然规律的某种规则。随着启发式算法的不断发展,目前广泛应用的启发式算法有传统启发式算法(如构造性算法和改进性算法)、元启发式算法(如模拟退火算法、禁忌搜索算法、贪婪算法、变邻域搜索算法、迭代局部搜索算法、进化算法、粒子群算法、蚁群算法、遗传算法等)以及混合启发式算法(各种不同的元启发式算法之间或与其他技术、人工智能技术等的结合)[22]。虽然启发式算法并不能确保其所得到的解的质量,也较难阐述清楚其与最优解的近似程度,但是其能够在合理的计算时间和空间的条件下快速给出原问题的一个可行解,因此,该方法成为求解组合优化问题的有效方法。

遗传算法（genetic algorithm,简称 GA）是一种以自然界的生物进化过程中的选择和遗传理论为基础的搜索算法[23]。遗传算法的编码方式非常重要,它对算法的计算性能有很大影响。最早提出的遗传算法的编码方式为二进制编码,在遗传算法的推广过程中,学者对遗传算法的编码方式进行了各种改进,提出了十进制编码方式以及其他的根据问题本身特性提出的特殊的编码方式[24]。遗传算法将问题的解编码为染色体,并通过对每一代染色体进行复制、交叉和变异操作,使其不断进化,直到满足一定的收敛条件时终止,目的是求得问题的最优解或近似最优解[25]。由于遗传算法具有较强的全局搜索能力,已经成功应用到很多组合优化问题的求解中[26]。然而,遗传算法在局部搜索方面表现较差。为了改进遗传算法的局部搜索能力,很多学者将遗传算法与其他算法相结合使用,以便提高遗传算法在全局搜索和局部搜索方面的表现。较为常见的组合有,将遗传算法与启发式算法结合,与局部搜索算法结合,与邻域搜索算法结合等[27-29]。

局部搜索算法是一种求解组合优化问题的邻域搜索算法,局部搜索的过程通常是由一个可行解出发,通过搜索这个可行解的邻域来发现更好的解,并用所得到邻域内的更好解替换当前解的过程。循环往复这个过程,直到达到算法的终止条件。局部搜索算法中邻域的构造方法可根据问题的特征来设计。局部搜索具有很强的搜索功能,但是容易陷入局部最优,且无法从局部最优解中跳出。因此,为了得到好的求解效果,一般都将局部搜索算法与其他全局搜索算法结合使用。

禁忌搜索算法是一种基于邻域搜索技术的能够全局逐步寻优的算法,它能够从一个可行解出发,在邻域中进行搜索寻优,并通过独有的模拟人类记忆的功能有效防止迂回搜索,避免陷入局部最优。同时,由于其能够接受质量较差的解,因此,能够跳出局部最优解,保证高效的全局优化搜索。然而,禁忌搜索算法的效率很大程度上依赖初始解的质量,具有一定的局限性。禁忌搜索算法也被广泛应用于求解组合优化问题。

(3)系统仿真方法

系统仿真方法主要追求对系统运行逻辑关系的描述,对实际系统进行模拟,能够全面分析系统的动态性能,评估各种调度方案的优劣,并最终选择最优的方案和系统参数[30]。系统仿真广泛应用于农业、商业、交通、军事、医学等众多领域,并成为先进制造系统、能源、航空航天以及材料等领域的重要工具。系统仿真的三个基本要素为系统、模型、计算机,三个基本活动为设计系统模型、执行模型、分析模型的输出结果[31]。仿真的方法最初主要被用来对比不同调度规则的优劣性,随后发展为人机交互的仿真工具,结合优先权规则及一些启发式规则,能够对系统进行实时的动态调度。系统仿真技术也有缺陷,仿真模型仅是对实际系统的直观描述,其准确性往往受编程人员经验、技巧及判断的限制,并不能保证通过仿真试验得到的方案最优。

(4)基于调度规则的方法

基于调度规则的方法是最传统的调度方法。Panwalker 等[32]提出了 100多条调度规则,并将其分为三类:简单规则、启发式规则和复合规则;也可分为静态调度规则和动态调度规则,主要有 SPT(shortest processing time)、LTWK (least total work)、FCFS(first come first Served)、LWKR(least work remaining)、LOPNR(least operation numbers remaining)、MORPNR(most operation numbers remaining)。调度规则一般都比较简单,容易操作,计算复杂度较低,一般用于动态调度系统。然而,研究表明,截至目前,尚不存在能够得到全局最优解的调度规则,且很难评价通过调度规则得到的解的优劣性[33]。

(5) 基于离散事件系统的方法

离散事件系统是指受事件驱动,系统状态呈跳跃式变化的动态系统。系统的变化往往是随机的,且系统的变化关系较为复杂。基于离散事件系统的方法主要有排队论和 Petri Net 方法。Petri Net 方法是一种基于图形的建模工具,主要是通过将组合优化问题转化为在可达图中寻找最优路径问题,通过求解 Petri Net 的优化出发序列问题可以得到原问题的解[34]。Petri Net 方法对于描述系统的不确定性和随机性具有一定的优越性。目前,Petri Net 方法主要用于解决 FMS 中的组合优化问题。在应用 Petri Net 方法时,为了提高其求解效率,会将 Petri Net 方法与其他规则或算法相结合,如与图形搜索算法结合、与启发式派遣规则结合等[35-36]。

2.2 RGV 系统优化问题

RGV 是一种有轨的自动导引车,主要由可编程控制器(programmable logic controller,简称 PLC)控制,它能够根据系统预设的调度规则或时间等来调度物料搬运作业。相较传统的固定输送机,RGV 具有更智能化、更人性化以及更高效的优势[37]。RGV 系统按其应用途径可分为两大类:① 作为搬运设施在 AS/RS 货位间的轨道上水平行驶完成物料的出入库作业,同时还可以通过升降机系统实现垂直运动。RGV 主要应用于自动小车存取系统(autonomous vehicle storage and retrieval systems,简称 AVS/RS)[38-40]。在 AVS/RS 系统中,RGV 可以到达任意货位,且不会发生两辆 RGV 相互碰撞的问题。② 作为搬运设备负责物料存储系统与入/出库站之间的物料搬运作业,主要应用于 AS/RS 和 FMS 的物料搬运系统。在这种 RGV 系统中,往往在水平轨道上同时运行多辆 RGV 进行物料搬运作业。

作为物料搬运设施的 RGV 系统,主要负责将物料或工件从一个地方搬运到另一个地方。例如,在 AS/RS 中,RGV 系统负责将所有需要出库的物料从出库输送机处搬运至出库站,将所有需要入库的物料从入库站搬运至入库输送机处。而在 FMS 中,RGV 系统需要将工件或物料从一个指定位置搬运到另一个指定位置。根据其所使用的轨道形式,RGV 系统主要分为直线往复 RGV 系统、环形 RGV 系统和转轨 RGV 系统三种,其中应用最为广泛的是环形 RGV 系统和直线往复 RGV 系统。由于其特殊的作用,RGV 系统的运作效率对整个系统的运作效率有至关重要的影响。如何对 RGV 系统进行优化调度以提高 RGV 系统的运作效率是 RGV 控制管理需要解决的核心问题。

目前,关于 RGV 系统优化或调度方面的研究文献较少,主要集中于确定最佳车辆数量、RGV 分派规则、RGV 调度规则及死锁避免策略等方面的仿真研究。RGV 系统优化控制方面的研究可按 RGV 系统的轨道形式分为两类:环形 RGV 系统的优化控制和直线往复 RGV 系统的优化控制。

(1) 环形 RGV 系统的优化问题

环形 RGV 系统是一种常见的 RGV 系统,在环形 RGV 系统中,所有 RGV 均沿环形轨道的某一方向同向行驶,图 2-1 给出了一个环形 RGV 系统的局部示意图。环形 RGV 系统能同时容纳多辆 RGV 同时作业,具有较高的搬运效率,但成本较高。

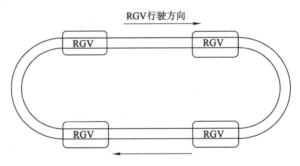

图 2-1　环形 RGV 系统示意图

针对环形 RGV 系统的优化控制问题主要侧重于计算最佳车辆数量、死锁避免和死锁保护策略,所采用的研究方法主要有系统仿真、Petri Net 方法及排队论方法等。由于在环形 RGV 系统中,所有 RGV 均同向行驶,因此,环形 RGV 系统中只要保证 RGV 之间有足够的安全距离,就不会存在 RGV 相互碰撞的问题。Lee 等[41]针对环形 RGV 系统,提出了一个仿真模型,通过该模型能够确定最佳 RGV 数量、最优系统吞吐率和堆垛机使用率的系统运作策略。该研究假设优先使用距离最近的和较少使用的 RGV,仿真结果显示当环形轨道分为两个区域且输送机容量为 2 时 4 辆 RGV 可以达到最大的 AS/RS 吞吐率。该研究还指出 RGV 绝大部分时间都被占用,而巷道堆垛机的使用率仅为 15%左右。Dotoli 等[42]采用着色赋时 Petri Net 技术研究了 AS/RS 包含堆垛机和 RGV 系统的物料搬运系统的实时控制问题,并提出了死锁避免策略和死锁恢复策略,同时提出了 RGV 与巷道堆垛机组成的物料搬运系统的模块化建模框架。RGV 的环形轨道被划分为若干区域,这些区域可以作为资源由资源控制器来进行分配,并使用了几种控制策略来改进系统效率和避免 RGV 碰撞和死锁。之后,Dotoli 等[43]通过时间离散事件系统模型描述了 AS/RS 的动态过程,并提出了 RGV 系统的死锁避免策略和死锁保护策略,并通过仿真试验对比了两种策略。吴长庆等[44]研究了环形 RGV 系统中的死锁问题,提出了基于双层着色赋时 Petri Net 的 RGV 系统的动态模型,通过采用最短路径的调度策略对 RGV 进行调度,提出了一种有效避免环路死锁的方法,其能够有效避免同一层 RGVS 的死锁和碰撞。杨少华等[45]应用排队论对环形轨道多穿梭车系统情况下的 RGV 数量和能力进行了分析。吴焱明等[46]研究了环形 RGV 系统的动态调度问题,提出了分组运输的方法,使用遗传算法预先将出入库作业分配给 RGV,每辆 RGV 对应的所有作业被归为一个组,并对车辆数量、站台数量等进行了分析,在解决死锁和碰撞问题时,主要采用优先级策略。最后使用仿真软件对比了分组方法与先来先服务方法的效果。顾红等[47-48]以烟草企业的自动化立体仓库为背景,研究了环形 RGV 系统的优化调度问题,在对 RGV 系统进行分析的基础上,考虑了 RGV 的启停、等待和复合作业等,提出了环形 RGV 系统的多目标优化数学模型,并基于改进遗传算法和专家库自学习算法对问题进行求解。

综上可知,在环形 RGV 系统的优化调度方面已有一定的研究成果,主要是应用仿真系统评价不同调度规则、碰撞避免规则,但缺少采用数学规划法研究环形 RGV 系统调度问题的研究文献。

(2) 直线往复 RGV 系统的优化问题

在直轨 RGV 系统中,所有 RGV 均可以沿着轨道的两个方向来回往复行驶。对于直线往复单 RGV 系统来说,需要对 RGV 的搬运作业进行排序,并协调 RGV 与堆垛机的作业顺序,以最优化 RGV 系统的作业效率。图 1-1 中的 RGV 系统为直线往复 RGV 系统。对于直线往复多穿梭车系统而言,RGV 之间容易产生碰撞,因此,调度和优化作业需要解决的主要问题是如何避免 RGV 之间的相互碰撞。

当前针对直线往复 RGV 系统的优化控制问题的研究较少,Lee[11]研究了 FMS 直线往复单 RGV 系统的实时调度问题,主要研究了装/卸区域的 RGV 分派策略及机器区域的 RGV 分派和工件优先级调度的整合规则对 FMS 系统效率的影响,提出了 5 种 RGV 分派规则,并应用系统仿真的方法评价了这 5 种 RGV 分派规则与 3 种常用的工件调度规则,结果显示装/卸区域的 RGV 分派规则对 FMS 整体效率有影响,需要给紧急装/卸的工件较高的优先级。Chen

等[12]采用离散事件仿真和神经网络方法研究了 FMS 中的装/卸区域的直线往复 RGV 调度和控制问题。共考虑了三种物料搬运系统（MHS）的结构：直线往复单 RGV 系统，均匀分区的直线往复 2-RGV 系统（每个 RGV 负责一个区域的搬运作业）和两辆 RGV 共享全轨道的直线往复 RGV 系统。针对三种不同的 MHS 结构建立了三个仿真模块，使用不同的调度规则对 RGV 和装/卸站进行调度和控制，保存所得到的仿真输出数据，并应用这些数据训练人工神经网络，最终给出 RGV 系统的调度和控制策略。每次仿真时，从 SPT，LTWK，FCFS，LWKR，LOPNR，MORNR 中选出一个作为 RGV 的调度规则。在给定一组系统绩效指标（吞吐率、RGV 利用率等）时，神经网络能够给出对应的系统控制参数（MHS 结构、装/卸区域调度规则、RGV 调度规则等）。聂峰等[14]针对 AS/RS 直线往复单 RGV 系统，在工件顺序排队的基础上提出了就近算法，根据工件距 RGV 的距离调整原有工件搬运顺序以最小化 RGV 行驶距离。张桂琴等[49]研究了 AS/RS 中的直线往复 RGV 系统中的 2-RGV 冲突避免调度问题，通过检查两节点之间的空间可行性和时间窗来有效避免 RGV 碰撞，但容易造成 RGV 等待。该研究未考虑堆垛机的协同调度。Liu 等[50]提出了 2-RGV 系统的作业策略：路径分区模式和路径整合模式，并通过仿真试验对比了两种策略的优劣。王晓宁[51]用仿真方法研究了直线往复 RGV 系统的调度策略，对直线往复多穿梭车系统产生碰撞的原因及产生的碰撞类型进行了分析，提出了避免碰撞的 RGV 调度策略：优先级避让策略、直接避让策略、轮流避让策略和最短距离避让策略。将这几种策略应用到物流仿真模型中，并通过仿真试验对比了这些避让策略的效果。该研究将堆垛机与 RGV 作为两个相互独立的模块进行考虑。

整体而言，当前针对直线往复 RGV 系统的优化控制研究主要侧重于用系统仿真的方法对各种 RGV 调度规则、派遣规则、冲突避免策略、2-RGV 系统的运行模式等方面进行分析，研究体系还不够完善，尚缺少对 RGV 系统的优化调度用数学规划法进行研究的文献，且以 AS/RS 为研究背景的文献，均为将堆垛机与 RGV 进行整合调度。

2.3 AGV 系统优化问题

AGV 是一种广泛应用于 FMS、转运系统和 AS/RS 中的重要的物料搬运工具[52]，具有低操作成本、高效率、高可靠性、高空间利用率和高系统柔性等优点，能够方便地与其他设备连接[53]。AGV 是由计算机控制的，能够沿着预先设置好的连接所有工作站的路径行驶，并在工作站之间搬运工件或物料的自动化装备。AGV 系统是 AGV 车辆、控制系统、通信系统和路径选择策略的整合体[54]。要保证 AGV 系统顺利高效地工作,需要对其进行合理的设计和控制。当前关于 AGV 系统方面的研究背景主要集中于 FMS 及集装箱码头,以 AS/RS 为背景的研究文献较少。考虑 AGV 与 RGV 同为自动搬运设备,现有文献采用的 RGV 系统的优化研究方法与 AGV 系统优化研究方法基本类似。下面对 AGV 系统的优化研究进行简要综述。

　　AGV 系统的设计主要考虑 AGV 行走路线规划、需要的装载和卸载点的数量、所需车辆的数量、空闲车辆的停放位置、电池管理以及 AGV 系统控制等问题[55-56]。AGV 系统控制的目的是在满足运输需求的基础上,在无 AGV 冲突的情况下,尽可能快地完成运输任务。AGV 系统的控制包括车辆的派遣规则、车辆的路径选择和调度。车辆的派遣规则是指选择一辆车完成一个任务的规则。Egbelu 等[9]将 AGV 的派遣问题分为工作站中心启动分派(从几辆空闲的车辆中为某工件指派一辆 AGV)和车辆启动分派(从众多任务中找出一个任务分配给某辆空闲的 AGV)两类。一般工作站中心启动分派的准则为最近车辆规则、最远车辆规则、最低利用车辆规则等,车辆启动分派的规则有最短行驶时间/距离规则、先到先服务规则、平衡运输量规则等[9,57-60]。

　　在给定仓库布局、装货点数量、空闲车辆的停放位置、车辆数量、派遣规则等条件下,对车辆的行走路径进行选择和调度能够有效提高 AGV 的输送效率[61]。AGV 的工作环境一般是较大的区域,AGV 需要在这些区域内的某些节点之间搬运物料,AGV 的一段路径表示的是连接工作区域内两个节点之间的 AGV 可行驶路线。一般文献采用网络或基于图论的方式表示 AGV 系统的工作区域,其中采用有向图表示 AGV 系统需要访问的节点及相邻两点的路径长度[62],AGV 的调度是在多个点之间找到一条满足目标函数的路径。图 2-2 给出了一个 AGV 系统的行走路径示意图。车辆路径选择时考虑的问题是在 AGV 装载物料和卸载物料的不同地点之间选择一条路线,而车辆调度能够给出每一段 AGV 路径的到达时间和离开时间。一般在对 AGV 路径进行选择时,选择的目标是最短行走距离、最短行走时间、最大平均满意度、最少花费、最少转弯次数等[37,62]。AGV 的路径选择和调度需要保证得到的这条路径和调度是冲突避免的[63]。AGV 系统的路径规划是以单个 AGV 的路径规划为基础,在确保每辆 AGV 都能完成从起点到终点的路径规划,同时要避免与其他 AGV 以及环境上的障碍物发生碰撞,目标是完成多台 AGV 之间的相互协调,无死锁、碰撞情况发生,能够顺利完成指定输送任务[64]。近年来,很多学者对 AGV 的路径选择和调度问题进行了研究[65]。在规划好 AGV 的行驶路径之后,所要解决的是 AGV 的调度问题,AGV 调度问题确定了每一台 AGV 在指定时间占用的指定空间资源。当前国内外学者在 AGV 系统的调度方面已经取得了很多研究成果,使用较多的调度策略主要有几何路径调整策略、最短距离策略、优先级策略等[66]。

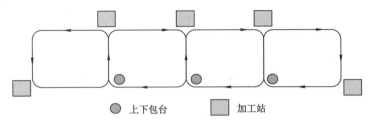

图 2-2　AGV 系统的行走路径示意图

　　有些学者认为路径选择和调度密切相关,因此将二者整合在一起进行研究,而有些学者将路径选择和调度问题分开进行研究。Langevin 等[67]采用基于动态规划的方法研究了 FMS 中的 AGV 派遣规则、无冲突路径选择和调度问题,目标是最小化工件的完工时间,并提出启发式算法将问题推广到多 AGV 的系统。Xidias 等[68]研究了 FMS 中的 AGV 路径规划、路径选择和调度,目标是为 AGV 找到最短路径。Taghaboni-Dutta 等[63]提出了一种解决 AGV 路径问题的新的增量路径规划算法,目标是找到 AGV 行驶时间最短的路径。Rajotia 等[69]研究了 AGV 的带时间窗约束的路径选择问题。Singh 等[70]分别研究了单 AGV 和双 AGV 系统的调度问题,在双 AGV 系统中为了避免死锁和 AGV 之间的碰撞,将生产区域划分为两个区域,为每个区域分配一辆 AGV。

　　一些学者将 FMS 中 AGV 分派、路径选择和调度与机器调度整合在一起进行研究。由于 FMS 由两个子系统——加工机器子系统和物料搬运子系统构成,二者紧密相关,因此,任一子系统的效率都会对另一子系统的效率产生直接的影响。Sabuncuoglu 等[71-73]提出了一个解决 FMS 中机器和 AGV 联合调度问题的 AGV 指派算法。他们还通过仿真模型分别研究了不同的机器和 AGV 调度规则对平均流程时间和交货期的影响,研究发现机器和 AGV 的联合调度规则对系统目标有较大影响[72,74]。Blazewicz 等[75]针对机器和 AGV 的联合调度问题,先求得机器调度,后采用一个多项式时间算法检验并构造一个可行的车辆调度,最后结合动态规划算法构造出最优的机器和 AGV 混合的调度。Anwar 等[76]提出了启发式算法解决机器与 AGV 同时调度的问题。Lacomme 等[77]同时考虑自动化生产系统中 AGV 分派问题件输入排序问题,采用分支定界与离散事件仿真模型相结合的方法求解问题。Jerald 等[78]利用自适应遗传算法求解了加工中心工件和 AGV 的协同调度问题。Gnanavel 等[65]应用元启发式差分进化算法求解了 AGV 与机器调度的问题。

在 AGV 系统中,往往存在多辆 AGV 同时进行物料搬运的作业,因此,AGV 的冲突避免问题也是研究的重点。Kim 等[79]研究了双向流路网络中的 AGV 冲突避免路径选择问题,提出了基于 Dijkstra 最短路方法的算法并求解了该问题。Krishnamurthy 等[80]同样研究了双向网络 AGV 系统的冲突避免路径问题,采用列生成法求解问题,目的是最小化完工时间。Hao 等[81]针对冲突避免问题提出了一个神经网络模型为 AGV 分派任务和选择路径,目标是最大化吞吐率量。Langevin 等[67]采用基于动态规划的方法解决了 AGV 的指派、冲突避免路径选择和调度问题,并提出了适用于多 AGV 系统的启发式算法。Rajotia 等[82]采用启发式方法构建了冲突避免的单/双向 AGV 路径。Oboth 等[61]研究了双向网络 AGV 系统的动态冲突避免路径问题,并提出了可以得到多 AGV 冲突避免路径的生成技术。Qiu 等[54]提出了 AGV 系统的冲突避免的双向路径布局,目标是最小化行驶时间。Kesen 等[83]提出了一个双向 AGV 系统的 AGV 分派算法。Udhayakumar 等[84]提出了一种非传统的最优化算法解决多目标的 AGV 调度问题,尝试为两 AGV 系统找出冲突避免且运输量平衡的最优调度。赵东雄[19]研究了多 AGV 系统的路径规划及优化问题。刘国栋等[17]提出了一个两阶段的动态规划方法研究了多 AGV 系统的路径规划和调度问题,并利用启发式算法对路径进行优化。张伟等[85]研究了仓储系统中的 AGV 调度问题,其设计了一个 AGV 的运行路网,并以优先级策略对 AGV 进行调度。金芳等[86]利用排队论方法研究了直线轨道 AGV 系统的调度问题。柳赛男等[87]对仓储系统中的 AGV 调度机制进行了研究,并以行驶路线最短为目标建立了数学模型,给出了 AGV 行驶距离的计算方式,然后采用遗传算法结合调度策略对问题进行求解。姚君遗等[88]对 FMS 中的 AGV 调度问题进行了研究,建立了 AGV 动态调度问题的数学模型,并给出了算法。杜亚江等[89]研究了 AS/RS 中的 AGV 系统调度问题,将 AGV 调度问题归结为背包问题,提出了一个数学模型,并用遗传算法对问题进行求解,该数学模型只给出了车辆状态约束。

解决 AGV 路径选择和调度问题时常用的研究方法有遗传算法、马尔科夫决策过程、神经网络、Petri Net 方法、启发式算法、模糊逻辑控制方法、数学规划法、系统仿真等[57,90]。数学规划法在 AGV 系统的路径规划和调度中有非常广泛的应用[91]。Gaskins 等[92]建立了 AGV 路径规划问题的 0-1 整数规划模型,将 AGV 行驶距离最小化作为目标,主要研究 AGV 单向行驶时的路径规划问题,仅考虑了 AGV 载货行驶的动作。Ulusoy 和 Bilge 等[93-95]研究了机器与 AGV 联合调度的问题,研究了机器调度和 AGV 调度的交互作用,建立了问题的混合整数非线性规划模型,将问题看作机器调度和有时间窗的车辆调度两个子问题,分别采用遗传算法和一个基于时间窗的调度方法解决问题。该研究忽略了可能出现的 AGV 之间的拥堵、碰撞以及车辆分派等问题。Akturk 等[96]建立了 FMS 中的 AGV 调度问题,在对 AGV 进行调度时将 AGV 模块与 FMS中其他模块综合起来进行考虑,建立了问题的混合整数规划模型,所研究的AGV 路径是单向的,不存在 AGV 相互碰撞的问题。Kim 等[97]研究了集装箱堆场的 AGV 系统的分派问题,提出了建立该问题简单的整数规划模型,并使用启发式算法求解问题,但提出的整数规划模型只对几个关键的 AGV 活动进行了描述,并未对问题进行全面描述。Khayat 等[98]采用数学规划和约束规划方法研究了生产和物料搬运系统的调度问题,并未考虑车辆之间的冲突避免问题。Fazlollahtabar 等[99-100]用数学规划法分别对 FMS 中的单 AGV 和多 AGV系统的调度问题进行了研究,目的是找出一条连接所有工作站的 AGV 的路径,使得延误成本最小;同时,引入"拐点",并通过限制两个工作站之间的路径,技改路径上的拐点一次只能有一辆 AGV 占用,以避免 AGV 在两个工作站之间的路径上发生碰撞。

综上可知,学者一般将 AGV 的路径看作一个网络进行优化调度,并假定任一时间,同一条路径上只能有一辆 AGV 行驶或停留。可以认为,前人对 AGV系统的研究主要侧重于如何在网络中的不同点之间找到一条满足目标函数的路径。本书研究的多穿梭车冲突避免调度问题可以看作在一条给定两个点之间的路线上,如何有效地对 RGV 进行调度以避免 RGV 之间的碰撞,并最优化系统目标。因此,本书研究的问题与 AGV 的路径问题不同。同时,在用数学规划法对 AGV 系统进行建模和优化的文献中,其建立的模型与本书模型是不同的。在单向网络中,AGV 之间不会发生相互碰撞。在有多辆 AGV 的 FMS 中,若是单向网络,则不存在 AGV 之间的碰撞问题。在无向或双向图中,均假定一个工作站一次仅能被一辆 AGV 访问,通过限制两个工作站之间的路径某时段仅能由一辆 AGV 占用,来避免 AGV 在某条路径上的冲突。在用数学规划法对 AGV 系统进行优化建模时,并未见到类似本书研究的两辆 RGV 行驶于同一条路径上的冲突避免调度问题。

2.4 抓钩排序问题

抓钩排序问题产生于先进制造系统中。例如,在电镀生产线中,有酸洗、清洗、干燥等处理工序,抓钩作为物料搬运工具,装载在电镀生产线上方的轨道上,来回移动负责处理槽之间的物料搬运作业。工件的每道加工工序都要求一个加工时间范围,处理时间低于最低时间或高于最高时间都会造成质量问题。生产线上无缓冲存储区域,因此工件完成一道工序后,必须即刻放入下一道工序的处理槽。抓钩周期性排序问题需要解决的主要问题是如何对抓钩运送进行排序,以保证工件在每道加工工序的处理时间都在要求的时间范围内,目标是最小化工件处理时间之和。由于工件的几道处理工序对应的处理槽的位置设置不同,抓钩抓取工件后可能沿着轨道的某一个方向运行,也可能沿着轨道的两个方向运行。当同一轨道上有多个抓钩时,任意两个抓钩在运行过程或访问同一个处理槽时极易发生碰撞,导致加工系统停顿。抓钩系统的良好运作对电镀生产线的效率有很大影响。抓钩排序是对抓钩的运送进行排序以得到一个冲突避免且能使产量最大化的抓钩运送的调度[101]。

抓钩排序问题主要可以分为:单抓钩周期性排序问题、两抓钩周期性排序问题、多抓钩周期性排序问题、单抓钩动态排序问题和多抓钩动态排序问题。与本研究存在类似冲突避免调度问题的主要有双抓钩周期性排序问题和多抓钩周期性排序问题。下面对前人抓钩排序问题研究进行简要介绍。

Phillip 等[102]最早于 1976 年提出了单抓钩排序问题的混合整数规划模型。在之后的 30 多年里,抓钩排序问题吸引了很多学者的关注。Lei 等[103]于 1989年证明了单抓钩排序问题是 NP 完全问题。Shapiro 等[104],Lei 等[105],Chen等[106],Ng[107]以及 Che 等[108]分别提出了求解单抓钩排序问题的分支定界算法。Varnier 等[109],Rodošek 等[110]采用约束逻辑规划法求解了单抓钩周期性排序问题。图论方法和启发式算法也被应用到求解单抓钩问题中(Chen等[111],Zhou 等[112],Lamothe 等[113]及周支立等[114-115])。

在多抓钩周期性排序问题中,除了要对每个抓钩进行调度,还需要考虑抓钩之间的冲突避免及抓钩分配问题。双抓钩周期性调度问题可分为无重叠区的双抓钩周期性调度问题和有重叠区的双抓钩周期性调度问题两类。Lei等[116]于 1991 年提出一个启发式算法对双抓钩周期性排序问题进行了求解,为了避免抓钩碰撞,将生产线划分为两个区域,两个抓钩分别负责一个区域内的运送,该方法能有效避免抓钩碰撞。周支立等[117-119]也对无重叠区的双抓钩排序问题进行了研究,提出了无重叠区双抓钩排序问题的混合整数规划模型,并提出了几种启发式求解方法。Manier 等[120]研究了普遍意义上有重叠区的多抓钩排序问题,建立了问题的数学模型。周支立等[121-123]给出了有重叠区的双抓钩排序问题的启发式求解方法。Che 等[124]建立了多抓钩周期性排序问题的线性规划模型,并给出了冲突避免的分支定界算法,其假定抓钩抓取工件后只向一个方向搬运。Leung 等[125]分析了多抓钩冲突避免约束,假定抓钩抓取工件后单向运行,建立了多抓钩排序问题的混合整数规划模型。后来,Leung

等[126]将问题进行拓展,假定抓钩抓取工件后的运动方向为双向,所研究的抓钩运送情况更为一般化,建立了问题的混合整数规划模型。Liu 等[127]给出了有效求出无等待双抓钩排序问题最优解的方法。Jiang 等[128]提出了一个新的多抓钩调度问题的混合整数规划模型,并采用分支定界策略进行求解。

虽然 RGV 系统调度问题与抓钩排序问题本质不同,然而其共同之处在于:当有多个搬运设备同时往复运行在同一条轨道上时,为了保证系统正常运行,必须考虑如何有效避免搬运设备之间的相互碰撞。因此,抓钩排序问题的研究方法和思路对本书研究 RGV 系统的若干调度问题具有借鉴作用。

2.5 轨道龙门吊调度问题

龙门起重机是集装箱堆场的主要起吊设备,又被称为龙门吊或场吊。常用的龙门吊分为轮胎式龙门吊和轨道式龙门吊两种。轮胎式龙门吊行走方便,能够有效利用场地,由于装有转向装置,能够通过轮子的 90°旋转从一个存储区域转移到其他存储区域。目前我国大多数集装箱堆场均使用轮胎式龙门吊。轮胎式龙门吊采用内燃动力系统,内源消耗量大,动力系统故障率高,维修费用也高。轨道式龙门吊,即轨道式门式起重机,必须运行于预先铺设的轨道上,进行集装箱搬运作业。轨道式龙门吊采用电力为动力来源,具有较长的使用寿命、较低磨损率以及较低的故障率等优点。由于轨道龙门吊的调度问题与本书研究的直线往复穿梭车调度问题有些类似,因此,这里对该问题进行简要综述。

集装箱堆场中,堆场一般被分为若干区域,每个区域又被分为若干段,每个段由若干贝位构成,每个贝位有固定列数和层数。龙门吊需要将进口集装箱从集卡上搬运到堆场的某个贝位中;或将出口集装箱从堆场贝位中的存储位置上取出,搬运到集卡上。轨道式龙门吊是集装箱堆场装卸过程中非常关键的设备,有效地对轨道式龙门吊进行调度能提高集装箱堆场的进口/出口作业效率。在单轨道龙门吊的调度方面,Chung 等[129]最早于 1988 年研究了轨道式龙门吊优化问题,目的是提高轨道式龙门吊的利用率,减少集装箱的装载时间。Kim 等[130-131]研究了单龙门吊装载集装箱过程中的路径规划问题,目的是最小化集装箱搬运时间;提出了整数规划模型,并给出了求解算法。Narasimhan 等[132]证明了单龙门吊调度问题为 NP 完全问题,并提出一个启发式算法来求解单龙门吊调度问题。Kim 等[133]研究了单个场吊的调度问题,目的是最小化达到集卡的等待成本。Ng 等[134]研究了单龙门吊的调度问题。Lee 等[135]研究了几种不同堆场布局情况下的单龙门吊调度问题。边展等[136-137],韩晓龙[138]分别对集装箱堆场中的单龙门吊调度问题展开了研究。

为了提高装卸效率,在集装箱堆场中,往往同时使用多台轨道龙门吊同时作业,此时,若调度不当,会产生同一区域内同时作业的龙门吊之间相互干扰的情况。如何对龙门吊进行调度以有效避免和减少同一作业区域内轨道龙门吊之间的冲突是需要解决的重要问题。在多轨道龙门吊的冲突避免方面,Ng[139]研究了集装箱堆场中共用同一条双向车道且在同一区域作业的多龙门吊的冲突避免问题,该研究中假设龙门吊每个集装箱搬运作业都发生且完成于同一贝位中,建立了该问题的整数规划模型,并使用基于动态规划的启发式算法求解问题,具体思路是将堆场区域进一步分为一些不重叠的区域,并将区域内的作业分配给不同龙门吊。Lee 等[140]研究了两个龙门吊的调度问题,提出了问题的数学模型,目的是最小化总装载时间,并提出了以模拟退火算法求解问题。然而,该研究假设两个龙门吊始终不会在同一个区域作业,因此,不会产生相互碰撞。Froyland 等[141]研究了共用一条轨道的多个龙门吊的集装箱码头的调度问题,采用动态启发式算法对多个龙门吊进行调度,并通过将堆场区域划分为一定大小的区域,指定每个龙门吊在一定时间内只在该区域作业,将问题简化为单龙门吊调度问题。Li 等[142]研究了同一个堆场区域的多龙门吊的调度问题,考虑了龙门吊之间的冲突避免问题,建立了问题的混合整数规划模型。为了减少模型的整数变量,根据龙门吊完成一次集装箱搬运所需时间将时间轴划分为等量的时间段,在每个时间段中,所有龙门吊开始工作并能在该时间段内完成一次集装箱搬运作业。该研究还考虑了相邻两个龙门吊之间的安全距离(设为 8 贝的宽度)。Stahlbock 等[143]采用仿真方法研究了两台龙门吊的几种动态调度规则和算法。Javanshir 等[144]研究了同一堆场区域内多个龙门吊的调度问题,假设每次只有一台龙门吊在一个贝中作业,龙门吊在不同贝间移动的时间忽略不计。该研究提出了碰撞避免约束,建立了问题的数学模型,并提出了以遗传算法求解问题。Cao 等[145]也研究了集装箱堆场中的多龙门吊调度问题,建立了问题的混合整数规划模型,然而该研究假设龙门吊之间不存在冲突。Wang 等[146-147]研究了铁路集装箱堆场中的多轨道龙门吊的调度问题,通过将同一个堆场区域平均划分为几个部分并将每个部分内的集装箱进出口作业分配给某一个龙门吊来避免龙门吊之间可能存在的碰撞问题。该研究建立了问题的数学模型,并提出了以遗传算法对问题进行求解。Wu 等[148]研究了同一堆场区域内多台龙门吊的调度问题,考虑了相邻龙门吊的碰撞问题和安全距离,提出了将集装箱作业聚类为与龙门吊数量相同的几部分并分别分配给龙门吊,之后对每台龙门吊进行作业排序和调整。乐美龙等[149]研究了堆场同一区域多龙门吊的干扰避免调度问题,建立了数学模型,并使用遗传算法进行求解。王展等[150]研究了堆场同一堆区混贝的场吊调度问题,建立了整数规划模型,给出了避免两个龙门吊相互干涉的约束,考虑了倒箱问题,但要求倒箱只能发生在同贝。该研究应用了改进禁忌搜索算法对问题进行求解。边展等[151]研究了堆场取箱过程中的两台龙门吊的调度问题,考虑了龙门吊之间的安全距离,龙门吊在翻箱时可能从一个贝位移动到另一个贝位,可能与另一台龙门吊相撞,将同一个堆场区域划分为两个子区域,并将子区域内的集装箱搬运作业分别分配给两台龙门吊,以解决同一堆场区域两台龙门吊的相互干涉问题,采用启发式规则对龙门吊进行调度。边展等[152]针对轨道式龙门吊问题,提出通过限制每个贝位内一次只有一台龙门吊作业、两台龙门吊之间保持安全距离和龙门吊顺次移动的约束保证龙门吊之间无冲突,建立了问题的数学模型,并提出了以两阶段动态规划法求解问题。

综上可知,在轨道式龙门吊冲突避免调度方面,前人已经取得了一定的研究成果,主要采用的研究方法有整数规划、分派规则、仿真方法以及启发式算法。虽然轨道多龙门吊的碰撞避免调度问题与直线轨道多穿梭车的碰撞避免问题类似,但是由于应用背景不同,两个问题也存在本质区别。在直线往复RGV系统中,RGV在执行运送时往往需要在轨道上移动,只要任意两辆RGV的某两个运送的路线发生重叠,就可能造成RGV碰撞。然而,当前大多数研究假设龙门吊对每个集装箱的进口或出口作业均发生在某个贝位内(不翻箱,或只在贝位内翻箱),即龙门吊不需要在执行作业的过程中在轨道上移动。在完成一个作业后,为了开始下一个作业,龙门吊可能会从一个贝位移动到另一个贝位。相对于龙门吊在某个贝位停留的时间而言,其在两个贝位之间移动的时间较短,有些研究直接忽略了龙门吊在两个贝位之间移动的时间。在这种情况下,只要保证在完成作业的过程中编号小的龙门吊始终在编号小的贝位中作业,即可有效避免龙门吊之间的碰撞。龙门吊顺次移动和保持适当安全距离是当前大多数研究所采用的龙门吊碰撞避免约束。因此,仅假设龙门吊每次作业开始完成均在一个贝位内时,直线往复RGV系统中RGV碰撞避免问题比龙门吊的碰撞避免问题更为复杂。

当龙门吊在装/卸载集装箱需要在不同贝位间翻箱时,龙门吊为了完成一个作业需要在贝位间往复移动,任意在同一区域内作业的两台轨道龙门吊只要行走路线有重叠,都会发生碰撞。此时,与直线往复RGV的碰撞情况类似。然而,目前还未见有研究提出这种情况下的龙门吊碰撞避免约束。

2.6 本章小结

本章对与本书研究内容相关的基本理论、方法及相关研究问题进行了回顾,通过总结发现:

(1) 关于 RGV 系统优化方面的研究主要采用系统仿真的方法,侧重于最佳车辆数量、RGV 派遣规则、路径选择规则、冲突避免策略以及环形轨道的 RGV 系统调度策略和直线往复 2-RGV 系统避让策略等方面的研究。由于系统仿真模型往往仅是对实际系统的直观描述,因此准确性不足,不能保证得到的方案最优,故无法保证系统效率最大化。此外,采用调度规则或策略对 RGV 系统进行调度时,虽然能够较快得到可行方案,然而并不能保证方案是最优的。比如采用冲突避免策略时,为了避免 RGV 碰撞,往往产生额外的 RGV 等待时间或多余的 RGV 往复行驶时间,结果必然导致物料出库总时间不是最小,并不能保证系统运行效率的最大化。目前缺少对 RGV 系统采用数学规划法精确建模的研究。

(2) 当前针对自动导引车系统的优化调度问题的研究主要以 AGV 系统为研究对象,且研究背景以柔性制造系统为主。而关于 RGV 系统优化方面的研究则相对较少,关于 AS/RS 中的直线往复 RGV 系统优化调度问题的研究更是少之又少。这主要是因为 AGV 系统的广泛应用早于 RGV 系统。从上面的文献综述可以看到,AGV 系统主要应用于 FMS 系统,其路径一般是一个多节点的网络或有向图形式,AGV 调度需要确定 AGV 访问其路径有向图中节点的时间及离开的时间以最小化某个目标,且要保证 AGV 在其路径上行驶时与其他 AGV 无冲突。由于应用背景、系统布局及运行模式不同,本书研究的直线往复 RGV 调度问题与 AGV 系统的调度问题存在差异。然而,RGV 系统与 AGV 系统非常相似。可以看到 RGV 系统优化研究所采用的调度规则及研究思路都与 AGV 系统的相同。目前针对 RGV 系统优化调度的研究主要使用了系统仿真、神经网络以及基于启发式规则的研究方法,数学规划法作为一种能够精确描述和求解问题的方法,也被用于研究 AGV 系统的路径选择及调度问题及其他组合优化问题。然而,尚缺少采用数学规划法对 RGV 的调度问题进行数学建模的相关研究。

(3) 在 AS/RS 中,RGV 系统与堆垛机系统共同完成物料的入/出库作业,为了最大化系统的作业效率,不能将 RGV 系统孤立起来进行研究。然而,当前的研究在采用调度规则和派遣规则对 RGV 系统进行调度时,往往将 RGV 系统与堆垛机系统孤立起来进行研究,并不能保证整个系统入/出库作业效率的最大化。

综上可知,目前关于 RGV 系统优化方面的研究文献并不多,用数学规划法研究直线往复 RGV 系统和环形 RGV 系统优化调度的文献更是缺乏。当前研究文献中主要使用的方法是系统仿真,这种方法能够获得可行的调度方案,但精度不足,不能保证所提供的方式是否最优,尚未见使用数学规划法对问题进行数学建模和精确求解的研究文献。同时,在以 AS/RS 为应用背景的穿梭车调度研究中,一般将堆垛机调度和 RGV 调度分开进行,很显然,堆垛机的作业顺序对 RGV 作业顺序具有一定影响作用,将 RGV 调度与堆垛机调度耦合,能够有效提高 RGV 系统的运行效率。本书以 AS/RS 入/出库过程中的直线往复 RGV 系统和环形 RGV 系统为研究对象,系统地研究了与堆垛机协同的 RGV 优化调度的相关问题。首先从直线往复单 RGV 系统的出库调度问题入手,其次研究了考虑直线往复 2-RGV 系统冲突避免的出库调度问题,之后对环形 RGV 系统的冲突避免调度问题展开研究。

3　考虑直线往复单穿梭车的出库调度

本章对具有直线往复单 RGV 系统的 AS/RS 物料出库过程的调度问题进行了研究,建立了与堆垛机协同的直线往复单穿梭车调度的混合整数线性规划模型,目标是最小化物料出库时间。证明了最优解的性质,提出了求解算法,并给出了问题的下界用以评价算法的性能。算例试验表明本章所提出的算法能够有效求解该问题。

3.1　引言

随着经济的飞速发展及土地资源的日益紧缺,传统的仓储方式由于其运作效率低下、占地面积广、主要依赖人力等原因,已不能满足工业生产的需要。伴随着科学技术的快速发展,物流领域出现了一种逐步替代传统仓储的新型仓储形式——自动化立体仓库(AS/RS)。自动化立体仓库能够高效准确运作,从其出现之日起便得到广泛关注,在全球多个国家的多个行业都有广泛应用。典型的 AS/RS 由巷道存储系统、物料搬运系统、入/出库站构成。在 AS/RS 中,每条巷道内配有堆垛机,负责对巷道内货架上的物料进行存取作业,轨道 RGV 系统负责巷道与入/出库站之间的物料搬运作业。轨道 RGV 系统作为 AS/RS 物料的枢纽系统,其作业效率对 AS/RS 的吞吐率有重要的影响。

本章研究了具有直线往复单 RGV 系统的 AS/RS 出库过程的调度问题,入库作业不作考虑。物料的出库过程主要由巷道堆垛机作业和 RGV 作业完成,物料必须先由堆垛机搬运至出库输送机,再由 RGV 搬运至出库站,若堆垛机作业与 RGV 作业协调不当,极易造成额外的 RGV 等待时间或产生不必要的往复行驶距离。因此,在对 RGV 进行调度时,需要同时考虑堆垛机的协同调度,以尽可能地减少 RGV 不必要的等待时间或额外的往复行驶时间。

本章建立了与堆垛机协同的直线往复单 RGV 调度的混合整数线性规划(mixed integer linear programming,简称 MILP)模型,实现了 RGV 与堆垛机的协同调度。在此基础上，证明了最优解的性质。使用遗传算法求解问题，针对问题特点采用基于运送顺序的编码方式，并使用贪婪策略完善每个基因对应的出库站信息，构建出问题的可行解。为了提高遗传算法的求解效率，根据最优解性质对子代较优的部分染色体进行改进，形成改进的遗传算法。最终的调度结果不仅给出了堆垛机作业和 RGV 作业的顺序、每个 RGV 作业的开始时间，还给出了每个 RGV 作业所对应的出库站。下面先给出该问题的详细描述，然后对该问题的特性进行分析。

3.2 问题描述与建模

为不失一般性，本章所研究的问题可以描述为：假设一仓库有 m 条巷道，每条巷道内有两排货架，每条巷道内配备一台堆垛机，巷道口的左右两侧分别设有入库输送机和出库输送机，即对应地有 m 个入库输送机和 m 个出库输送机。一个直线往复单 RGV 系统连接了入/出库输送机和 N 个出库站，两个入库站分别设在仓库的左右两端。在立体仓库中，出于建筑支撑考虑，立体仓库中间设有宽约 40 cm 的立柱，立柱两边各有 4 排巷道，为了方便表述，本书在研究时将忽略这个立柱。图 3-1 给出了 AS/RS 的布局示意图。每件物料（一单位物料，一托盘或一箱体）都存储于货架上的一个存储贝位内。由于每条巷道只有一台堆垛机负责物料存/取作业，且出库物料都经由同一台出库输送机输送，因此，为了方便起见，本书将巷道内待出库的物料统一进行编号，物料 J_{aj} 代表巷道 a 内第 j 个待出库物料，其中 j 并不代表物料的出库顺序。例如，巷道 1 内有 4 件待出库物料，则其编号可以写为 $[J_{11}, J_{12}, J_{13}, J_{14}]$，而其实际出库顺序可能为 $[J_{13}, J_{12}, J_{11}, J_{14}]$。出库时，物料 J_{aj} 先由堆垛机从巷道 a 内的指定存储位置取出并将其运输至出库输送机 a（巷道 a 内的出库输送机）处，再由空闲的 RGV 运输至某个出库站。假设出库输送机的容量均为 1 单位，则只有当出库输送机上的物资被 RGV 取走后堆垛机才会出发去拣取下一件物料。若巷道堆垛机未将物料卸载至出库输送机上，则 RGV 需要等待。对于任意的单位物料 J_{aj}，本书定义堆垛机拣取物料 J_{aj} 的时间为堆垛机从出库输送机 a 的位置出发，行驶至 J_{aj} 的存储位置拣取物料，并将物料运输至出库输送机 a 的位置所需的时间。每个 RGV 运送由三个 RGV 动作构成：① 装载，从出库输送机上将物料装载到 RGV 上；② 运输，将物料从出库输送机运输至出库站；③ 卸载，将物料卸载至出库站。为了方便描述，本章将 RGV 完成一个搬运作业称为一个运送，将 RGV 的空行驶任务看作空运送。将物料 J_{aj} 对应的 RGV 运送记为运送 aj。本章的目标是通过对 RGV 运送的调度来最小化所有物料的总出库时间。

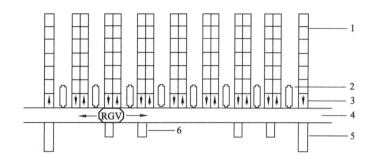

1—存储货架;2—堆垛机;3—输送机;4—轨道;5—入库站;6—出库站。

图 3-1 AS/RS 布局图示意图

3.2.1 基本假设

本章研究的是确定出库物料数量情况下的 RGV 调度问题,在对某物资立体仓库的实际调研的基础上,给出以下基本假设:

(1)由于本书只考虑出库过程中的 RGV 调度问题,入库作业不作考虑,因此,假设出库输送机 1 设为坐标原点,其他所有出库输送机和出库站的坐标定义为其距原点的距离。

(2)堆垛机的驻点在巷道口,堆垛机每完成一次存货/取货都要从驻点出发,最后再回到驻点。

(3)堆垛机和 RGV 的容量为 1 单位。

(4)RGV 匀速行驶。

(5)堆垛机在拣取货架上水平和垂直方向的相邻存储贝位中物料的行驶时间间隔分别设为某定值,即给定一个基准贝位中物料的拣取时间,其他时间依次可以计算得出。

(6)0 时刻 RGV 可以在轨道的任意位置。

(7)0 时刻所有巷道的出库输送机上没有物料,且所有巷道堆垛机可以开始拣货。

3.2.2 参数和变量

模型中参数定义如下:

m——巷道总数;

N——出库站个数;

n_a——巷道 a 内出库物料的数量;

a,b——巷道编号，$a,b=1,\cdots,m$；

j,k——巷道内的物料编号，$j,k=1,\cdots,n_a$；

e——出库站编号，$e=1,\cdots,N$；

M——一个很大的正整数；

V——RGV 速度；

u——RGV 的平均上/下货时间；

t_{ae}——RGV 从出库输送机 a 行驶至出库站 e，或从出库站 e 行驶至出库输送机 a 所需的时间；

r_{aj}——堆垛机从巷道内拣取物料 J_{aj} 所需的时间；

r_0——堆垛机拣取距巷道口输送机最近贝位中物料所需的时间；

σ_x——堆垛机水平方向取货的单位时间增量；

σ_y——堆垛机垂直方向取货的单位时间增量；

P_a——巷道 a 的出库输送机位置；

q_e——出库站 e 的位置。

模型中的决策变量定义如下：

P_{aj}^s——运送 aj 的开始位置；

P_{aj}^c——运送 aj 的完成位置；

R_{aj}——RGV 开始运送 aj 的时间；

C_{aj}——RGV 完成运送 aj 的时间；

$C_{\max}$——所有运送任务的最大完成时间；

$$x_{aji}=\begin{cases}1 & \text{若物料 } J_{aj} \text{ 是巷道 } a \text{ 内堆垛机第 } i \text{ 次拣取的物料}\\0 & \text{其他}\end{cases};$$

$$w_{aje}=\begin{cases}1 & \text{若物料 } J_{aj} \text{ 被穿梭车运输至出库站 } e\\0 & \text{其他}\end{cases};$$

$$k_{aj}=\begin{cases}1 & \text{若物料 } J_{aj} \text{ 是最后一个到达出库站的物料}\\0 & \text{其他}\end{cases};$$

$$y_{aj,bk}^{ss}=\begin{cases}1 & \text{物料 } J_{aj} \text{ 的运送开始时间早于物料 } J_{bk} \text{ 的运送开始时间}\\0 & \text{其他}\end{cases}。$$

3.2.3　目标函数

目标函数为最小化物料出库时间，也即 RGV 完成所有运送所需时间最短。

$$\text{Minimize} \sum_{a=1}^{m}\sum_{j=1}^{n_a} C_{aj}k_{aj} \tag{3-1}$$

3.2.4 约束方程

（1）运送顺序约束

$$C_{aj} \leqslant C_{\max} \quad a = 1, \cdots, m; j = 1, \cdots, n_a \tag{3-2}$$

$$C_{\max} \leqslant C_{aj} + M(1 - k_{aj}) \quad a = 1, \cdots, m; j = 1, \cdots, n_a \tag{3-3}$$

$$\sum_{a=1}^{m} \sum_{j=1}^{n_a} k_{aj} = 1 \tag{3-4}$$

$$R_{bk} - R_{aj} \leqslant M y_{aj,bk}^{ss} \tag{3-5}$$

$$a = 1, \cdots, m; b = 1, \cdots, m; j = 1, \cdots, n_a; k = 1, \cdots, n_b; a \neq b \text{ 或 } a = b \text{ 时}, j \neq k$$

$$y_{aj,bk}^{ss} + y_{bk,aj}^{ss} = 1 \tag{3-6}$$

$$a = 1, \cdots, m; b = 1, \cdots, m; j = 1, \cdots, n_a; k = 1, \cdots, n_b; a \neq b \text{ 或 } a = b \text{ 时}, j \neq k$$

约束(3-2)保证了变量 $C_{\max}$ 的正确定义，即 $C_{\max}$ 是所有运送完成时间的最大值。约束(3-3)和(3-4)限制了只有当 $C_{\max} = C_{aj}$ 时，$k_{aj} = 1$；对于其他任意运送，其对应的 k_{aj} 取值为 0。约束(3-5)和(3-6)保证了变量 v_1 的正确定义。

（2）堆垛机拣货顺序约束

$$\sum_{i=1}^{n_a} x_{aji} = 1 \quad a = 1, \cdots, m; j = 1, \cdots, n_a \tag{3-7}$$

$$\sum_{j=1}^{n_a} x_{aji} = 1 \quad a = 1, \cdots, m; i = 1, \cdots, n_a \tag{3-8}$$

$$R_{aj} \geqslant r_{aj} + M(x_{aj1} - 1) \quad a = 1, \cdots, m; j = 1, \cdots, n_a \tag{3-9}$$

$$R_{aj} \geqslant r_{aj} + R_{ah} + M(x_{aji} + x_{ah,i-1} - 2) \tag{3-10}$$

$$a = 1, \cdots, m; i, j, h = 1, \cdots, n_a; h \neq j; i \neq 1$$

约束(3-7)和(3-8)保证了每个巷道堆垛机一次只拣取一件物料，并且每件物料只能被拣取一次。约束(3-9)确保当物料 J_{aj} 是巷道 a 内第一个被拣取的物料，则对应的 RGV 运送的开始时间至少应该大于等于 r_{aj}。当物料 J_{aj} 和物料 J_{ah} 同为巷道 a 内连续两次被拣取的物料时，约束(3-10)保证了在运送 ah 开始之后，运送 aj 开始之前，堆垛机有足够的时间拣取物料 J_{aj}。

（3）RGV 运送时间约束

$$\sum_{e=1}^{N} w_{aje} = 1 \quad a = 1, \cdots, m; j = 1, \cdots, n_a \tag{3-11}$$

$$C_{aj} = R_{aj} + \sum_{e=1}^{N} t_{ae} w_{aje} + 2u \quad a = 1, \cdots, m; j = 1, \cdots, n_a \tag{3-12}$$

$$R_{bk} \geqslant R_{aj} + \sum_{e=1}^{N} t_{ae} w_{aje} + 2u + \sum_{e=1}^{N} t_{be} w_{aje} + M(y_{aj,bk}^{ss} - 1) \tag{3-13}$$

$$a,b = 1,\cdots,m;\; j = 1,\cdots,n_a;\; k = 1,\cdots,n_b;\; a \neq b \text{ 或 } \forall a = b, j \neq k$$

约束(3-11)保证了变量 w_{aje} 的正确定义,即每件物料只能被运输至一个出库站。RGV 开始一个运送后,需要有一个上货时间、一个下货时间以及将物料运输到某出库站的时间。约束(3-12)给出了已知运送开始时间情况下的运送结束时间的计算方式。对于 RGV 的连续两次运送,早开始的运送结束后,约束(3-13)保证了 RGV 有足够的时间空行驶至下一个运送对应的物料所在的出库输送机处取货,并完成该次运送。

(4) 运送位置约束

$$P_{aj}^{s} = P_a \quad a = 1,\cdots,m;\; j = 1,\cdots,n_a \tag{3-14}$$

$$P_{aj}^{c} = \sum_{e=1}^{N} q_e w_{aje} \quad a = 1,\cdots,m;\; j = 1,\cdots,n_a \tag{3-15}$$

$$C_{aj} - R_{aj} \geqslant \frac{P_{aj}^{c} - P_{aj}^{s}}{V} + 2u \quad a = 1,\cdots,m;\; j = 1,\cdots,n_a \tag{3-16}$$

$$C_{aj} - R_{aj} \geqslant \frac{P_{aj}^{s} - P_{aj}^{c}}{V} + 2u \quad a = 1,\cdots,m;\; j = 1,\cdots,n_a \tag{3-17}$$

约束(3-14)和(3-15)保证了运送的开始位置为对应的出库输送机位置,而运送的结束位置为物料被运送到的出库站的位置。约束(3-16)和(3-17)保证了 RGV 有足够的行驶时间来完成每个运送。

3.3 最优解性质

为了能有效地求解问题,本节对解的性质进行分析。RGV 在执行运送时每完成一个运送(除最后一个运送外),都要空行驶至下一个运送的开始位置。当 AS/RS 中有多个出库站时,如何选择每个运送的出库站是至关重要的问题。本章提出如下关于出库站分配的最优解性质。

性质:假设运送 aj 和运送 bk 是最优调度中的任意两个连续的运送,且运送 aj 先于运送 bk,则运送 aj 的完成位置 P_{aj}^{c} 一定是使得 RGV 从 P_{aj}^{s} 行驶到 P_{aj}^{c} 所需时间与从 P_{aj}^{c} 行驶到 P_{bk}^{s} 所需时间之和最小的出库站位置,即满足:

$$P_{aj}^{c} = q_{\bar{e}}, \text{其中 } \bar{e} = \arg \min_{e \in \{1,\cdots N\}} (t_{ae} + t_{be}) \tag{3-18}$$

证明:(反证法)假设该命题不成立,即最优调度中至少存在两个连续的运送,运送 $a'j$ 和运送 $b'k$,使得 $P_{a'j}^{c} \neq q_{\bar{e}}$,其中 $\bar{e} = \arg \min_{e \in \{1,\cdots N\}} (t_{a'e} + t_{b'e})$。记 $a'j$ 被运至出库站 e',即 $P_{a'j}^{c} = q_{e'}$,对应的最优目标函数值为 C'。由 $\bar{e}$ 的定义可知,$t_{a'e'} + t_{b'e'} \geqslant t_{a'\bar{e}} + t_{b'\bar{e}}$。

最优序列中运送 $a'j$ 后的所有运送顺序不变,将运送 $a'j$ 的出库由 e' 替换

为 $\bar{e}$,并将运送 a'_j 之后的所有运送前移 $[(t_{a'e'}+t_{b'e'})-(t_{a'\bar{e}}+t_{b'\bar{e}})]$ 时间,则得到一个新的可行解,并记新的目标函数值为 $\bar{C}$,则必然有 $C' \geqslant \bar{C}$,这与 C' 是该问题的最优目标函数值相矛盾。因此,原命题成立。

3.4 求解算法及下界

该问题需要同时考虑每台堆垛机的取货顺序,RGV 搬运物料的顺序以及每件物料选择合适的出库站,当问题规模较大时,很难在合理时间内求得其最优解。鉴于本章模型中的变量和约束较多,难以用列生成算法或拉格朗日松弛算法进行求解,因此,本节用启发式算法中的遗传算法对问题进行求解。

遗传算法自提出后被广泛应用于求解信号处理、组合优化、自动化控制、图像处理和机器学习等多个领域。遗传算法不受搜索空间的限制,对不同类型的问题都具有很好的鲁棒性。诸多研究文献均显示了遗传算法在求解组合优化问题上的有效性和优越性。因此,本节采用遗传算法来求解 AS/RS 出库过程中的单 RGV 调度问题,并将 3.3 节证明的性质应用到遗传算法的求解过程中。最后,本节提出了该问题的一个下界,以评价遗传算法的性能。

3.4.1 改进遗传算法

针对直线往复单 RGV 调度问题的特点,本节提出了基于运送顺序的编码方式,并在简单遗传算法中增加了基于最优解性质的单个运送出库站调整策略以改进每代种群中较优的部分染色体。下面先介绍遗传算法的一些主要内容,再给出算法的实施步骤。

（1）染色体的编码与可行解的构建

选择合适的编码方式是应用遗传算法的一个非常重要的方面。本研究使用基于运送顺序的自然数编码,每个编码代表一个固定的物料,编码长度为物料总数。假设有 2 个巷道,每个巷道内有 2 个物料要出库,总共需要 4 位的编码,则[1 3 4 2]就可以表示一条染色体。此时,一条染色体只具有部分解的信息,还缺少每个运送的出库站信息。

在为每个运送分配出库站时,本节采用两种策略为运送指派出库站:① 贪婪策略,使用基于贪婪策略的出库站分配方法构建可行解,即将每个运送对应的出库站的初始值设为距该物料所在巷道距离最近的出库站。② 随机分配策略,即为运送随机指派任一个出库站。经过构建之后,每条染色体都是原问题的一个可行解。

（2）适应值计算函数

将一代中每个个体对应的原问题目标函数值求出，记为 $\overline{C}_{\max}$，找出其中的最大值，记为 MC，则该个体的适应值为 $MC-\overline{C}_{\max}$。

（3）选择操作

采用精英保留策略将当前种群中最优的几个个体直接遗传给下一代。随机抽取种群大小的 1/10 个染色体选择其中适应度最大的染色体作为一个父代染色体，执行同样的操作一次得到另一个父代染色体，若这两个父代染色体相同，则继续选取直至两个父代染色体不同。

（4）交叉和变异操作

使用两点交叉方法进行交叉，随机生成两个基因位，交换两个染色体中两个基因位之间的基因段，调整两条染色体的其余基因段中发生重复的基因。采用反转变异，依照一定的变异概率产生两个基因位，将这两个基因位之间的基因段反转。

（5）改进操作

根据最优解的性质对子代种群中较优的一定数量染色体的每个基因的出库站进行调整，使其满足最优解性质。

以遗传算法的迭代次数作为停止准则。当迭代到指定代数时，遗传算法终止。

（6）算法实施步骤

改进遗传算法的实施步骤：

第 1 步：初始化。设定遗传算法所需的参数，如种群的大小、交叉概率、变异概率以及遗传迭代的最大次数等。

第 2 步：产生初始群体。初始种群的产生对于遗传算法很重要，本章采用随机生成初始种群的方式以保证解的多样性，并通过贪婪策略完善出库站分配以构建完整解。设初始种群为当前种群。

第 3 步：计算适应值并使用精英保留策略。

第 4 步：选择操作。保留一定数量的精英个体直接到下一代。选择一对父辈染色体。

第 5 步：交叉和变异操作。通过交叉和变异操作产生新种群，检查新种群的个数是否达到设定的种群规模，若未达到，转第 4 步，否则转第 6 步。

第 6 步：改进操作。对子代种群中较优的数个精英染色体进行改进操作，并将新种群设置为当前种群，重复第 3 步至第 6 步，直到迭代到事先指定的代数为止，退出。

（7）改进遗传算法的复杂度分析

开始计算之前，算法需要输入巷道数 m、出库站数 N、每个巷道内出库物料

数 n_a、出库站位置、输送机位置、堆垛机拣取物料所需时间 r_{aj} 等。依据前文假设,出库物料总数记为 NUM,此处,记种群规模为 popu,迭代总次数为 sumgen。相对于问题规模和种群规模而言,m 和 N 的值均较小,因而,读入数据、编码和产生初始种群所需的复杂度为:$O(\text{popu} * \text{NUM}^2)$。

迭代过程中需要计算个体适应值、选择、交叉、变异以及出库站调整改进操作,这些步骤所需的复杂度分别为:

计算适应值的复杂度:$O(\text{popu} * \text{NUM}^2)$;

精英保留策略:$O(\text{popu}^2)$;

选择操作的复杂度为:$O(\text{popu})$;

交叉操作的复杂度为:$O(\text{NUM}^2)$;

变异操作的复杂度为:$O(\text{NUM})$;

出库站调整改进操作的复杂度为:$O(\text{popu} * \text{NUM}^3)$;

综上可知,遗传算法总的复杂度为:

$$O(\text{popu} * \text{NUM}^2 + \text{sumgen} * (\text{popu} * \text{NUM}^2 + \text{popu}^2 + \text{popu} * (\text{popu} + \text{NUM}^2 + \text{NUM}) + \text{popu} * \text{NUM}^3)) = O(\text{sumgen} * \text{popu} * \text{NUM}^3)$$

从复杂度分析可知,遗传算法的时间复杂度主要和出库物料总数、迭代次数以及种群规模有关。根据算法时间复杂度的定义[153],可知当问题规模 NUM→∞,其他参数对计算时间复杂度的贡献逐渐变小,最终有 $O(\text{sumgen} * \text{popu} * \text{NUM}^3) \rightarrow O(\text{NUM}^3)$。

3.4.2 问题的下界

物料的出库过程由堆垛机运送和 RGV 运送完成,目标是最小化物料的总出库时间。当问题规模增大时,很难在合理时间内求得问题的最优解,因此,需要通过下界来评价算法的性能。本节给出问题的一个下界,如下所示:

$$LB = 2\sum_{a=1}^{m}\left[n_a \times (u + \tau_a)\right] + \bar{r} - \tau \tag{3-19}$$

式中,$\tau_a = \min\{t_{ae}, e = 1, \cdots, N\}$;$\tau = \max\{\tau_a, a = 1, \cdots, m\}$;$\bar{r} = \min\{r_{aj}, a = 1, \cdots, m, j = 1, \cdots, n_a\}$。

为了说明 LB 是问题最优解的下界,首先考虑出库过程中的 RGV 动作。为了完成一个运送,RGV 总需要从某一个出库站出发,行驶至物料所在的出库输送机位置,装载物料,运输至某个出库站并卸载。通过假设 RGV 总是从距物料所在的出库输送机最近的出库站出发,并且 RGV 总是将物料运输至该出库站,则出库所有物料所需要的 RGV 作业时间至少为 $2\sum_{a=1}^{m}\left[n_a \times (u + \tau_a)\right]$,其中

τ_a 为 RGV 从巷道 a 处出库站行驶到距其最近的出库站的时间。考虑本章假设 0 时刻 RGV 可以在轨道任意位置,则可认为 0 时刻 RGV 等待在第一个运送所对应的出库输送机位置,此时需要从总 RGV 作业时间中减去一个 τ_a,$a = 1, \cdots,$ m,减去其中最大的一个 τ_a,记为 τ,则 RGV 的作业时间至少为 $2\sum_{a=1}^{m}[n_a \times (u + \tau_a)] - \tau$。其次,考虑出库过程中的堆垛机动作,由于只有堆垛机将对应的物料拣取完放置于出库输送机上,RGV 运送才能开始,则 RGV 第一个运送的开始时间必然不小于堆垛机拣取任意物料的最小时间 $\bar{r}$。此外,若堆垛机未完成物料的拣取,则 RGV 需要等待。通过忽略这个可能存在的等待时间,可得所有物料的总出库时间必然不小于 $2\sum_{a=1}^{m}[n_a \times (u + \tau_a)] - \tau + \bar{r}$。

3.5 数值试验

本节给出了算例试验,用以评价本章所提出的算法的有效性。本节的算法评价分为三部分。首先,对比两种不同的出库站分配策略的优劣。分别记由贪婪策略分配出库站的改进遗传算法为 G-GA 和由随机策略分配出库站的改进遗传算法为 R-GA。通过比较 G-GA 和 R-GA 对所有算例的求解结果,选出较好的一种出库站分配策略。其次,将上一步选出的较优的出库站分配策略对应的改进遗传算法对所有算例的求解结果与商业软件 CPLEX 的求解结果以及对应的问题下界进行对比。最后,采用通用的 FCFS 调度策略对各算例进行计算,并将计算结果与遗传算法的求解结果进行对比分析。算例试验部分的算法由 C++语言编程实现,算例的 MILP 模型均由 CPLEX12.5 求解,所有计算均在 3.10 GHz、4 GB RAM 的计算机上进行。

3.5.1 算例设计及算法的参数设置

(1)算例设计

本节通过算例试验来检验本章中所提出的算法的有效性。通常采用的评价启发式算法性能的方法有:与已有文献的标准算例的计算结果进行对比,与精确算法求得的最优解进行对比,与问题的下界进行比较,与其他算法的计算结果进行比较,等等。本章研究的直线往复单 RGV 调度问题是一个新问题,并未有学者用精确方法对该问题进行建模和求解,因此并不存在标准算例。为了检验本章提出的改进遗传算法的性能,本研究参照某自动化立体仓库的布局,设计了 15 个不同规模的算例。下面给出算例中各项数据的生成方式及参数设置。

每个待出库物料在巷道内的存储位置[所存储的货架编号 a 及其在该货架上存储贝位的坐标 (x,y)]均随机生成,物料在巷道内的编号 j 是该物料生成的序号。例如,巷道 a 内左侧货架上存储坐标为 $(1,4)$ 的物料是该巷道内第 2 个生成的物料,则该物料对应编号为 J_{a2},堆垛机拣取物料 J_{a2} 所需的时间是根据该物料存储坐标计算 $(1,4)$ 而来。堆垛机的拣货时间基数 r_0、堆垛机拣取巷道内横向纵向相邻贝位中物料所需的单位时间增量 σ_x 和 σ_y、RGV 的平均行驶速度,以及 RGV 的平均装、卸载时间等均按照实际操作中的经验数据来设定取值范围。假定堆垛机匀速行驶,堆垛机同时在水平和垂直方向移动,堆垛机拣取某物料所需的时间是其在水平方向移动所需的时间和垂直方向所需时间两者之中的较大者。一旦给定堆垛机拣取坐标为 $(1,1)$ 的贝位(距离输送机最近的贝位)里物料的时间 r_0、一个水平方向取货的单位时间增量 σ_x 和垂直方向取货的单位时间增量 σ_y 以及物料的坐标,就可以计算出堆垛机拣取该物料所需要的时间。假设巷道 a 内的第 j 号物料的存储坐标为 (x,y),则物料 J_{aj} 的堆垛机取货时间 r_{aj} 和 RGV 往返两点所需的时间 t_{ae} 的计算公式如下:

$$r_{aj} = \max\{r_0 + (x-1) \times \sigma_x, r_0 + (y-1) \times \sigma_y\} \quad a = 1, \cdots, m; j = 1, \cdots, n_a$$
(3-20)

$$t_{ae} = \frac{P_a - q_e}{V} \quad a = 1, \cdots, m; e = 1, \cdots, N \quad (3-21)$$

表 3-1 给出了 15 个算例规模的参数设置,其中 1~6 为小规模算例,7~11 组为中等规模算例,12~15 组为大规模算例。表 3-2 给出了 AS/RS 系统参数设置。其中出库输送机和出库站的位置信息是根据该 AS/RS 的布局进行设置的,其余参数均在一定的取值范围内服从均匀分布(参数的取值范围由实际操作中的经验数据得来)。

表 3-1　算例规模的参数设置

算例	$m * N$	n_a	出库物料总数
1	4 * 2	1,2,2,1	6
2	4 * 2	2,2,2,2	8
3	4 * 2	3,2,1,4	10
4	8 * 2	1,2,1,2,1,1,1,1,	10
5	4 * 2	3,3,3,3	12
6	8 * 2	1,2,3,1,1,1,2,1	12
7	8 * 2	2,1,3,1,2,1,2,2	14

表 3-1(续)

算例	$m * N$	n_a	出库物料总数
8	$4 * 2$	4,4,4,4	16
9	$8 * 3$	4,4,4,4,4,4,4,4	32
10	$8 * 3$	5,5,5,5,5,5,5,5	40
11	$8 * 3$	7,7,7,7,7,7,7,7	56
12	$8 * 4$	9,9,9,9,9,9,9,9	72
13	$8 * 4$	10,10,10,10,10,10,10,10	80
14	$8 * 4$	12,12,12,12,12,12,12,12	96
15	$8 * 4$	15,15,15,15,15,15,15,15	120

表 3-2　AS/RS 系统参数设置

参数	取值
P_a/m	0,3,6,9,12,15,18,21
q_e/m	3,6,15,18
$V/(m/s)$	$\sim U[1,3]$
u/s	$\sim U[6,10]$
r_0/s	$\sim U[15,22]$
σ_x/s	$\sim U[1.5,3]$
σ_y/s	$\sim U[1.5,3]$

注:$U[a,b]$是指参数在$[a,b]$区间服从均匀分布。

(2) 算法的参数设置

参数的设置对遗传算法的收敛速度和寻优结果有较大影响,本章根据算法规模,及多次计算试验确定了各个算例的遗传算法参数的取值,详见表 3-3。

表 3-3　算例的遗传算法参数设置

参数	取值
种群规模	20,20,20,30,30,30,30,40,60,70,80,120,120,120,150
遗传算法迭代次数	10,10,10,20,20,20,20,25,40,40,60,100,100,100,120
交叉概率	0.7
变异概率	0.1
精英保留数量	2,2,2,3,3,3,3,5,6,6,8,8,8,8,9

3.5.2 对比算法

考虑 FCFS 调度规则在 RGV 系统的调度中应用较为普遍,是一种方便操作、能够很快得到可行方案的调度策略,因此,本节采用通用 FCFS 调度策略作为对比算法对各算例进行了计算,并将计算结果与遗传算法的求解结果进行对比分析。由于算例的数据并不涉及堆垛机拣货顺序,在采用 FCFS 调度规则进行计算时,本节为每个巷道内的待出库物料随机产生出库顺序,并按照 FCFS 的规则为先到达出库输送机的物料分配 RGV。每完成一个运送,更新 FCFS 序列中物料出库顺序。在物料的出库站分配方面,采用贪婪策略指定距待出库物料所在巷道最近的出库站为对应物料的完成位置。本节用到的 FCFS 规则的具体实施步骤如下:

第 1 步:读取算例数据,以巷道为单位,为这些待出库物料随机产生一个出库顺序 S,堆垛机从各巷道的 S 内拣货时间最短的物料形成初始 FCFS 序列。

第 2 步:对 FCFS 序列进行排序,并根据到达输送机时间长短选出当前出库物料,并将其从 FCFS 序列中移除。选择距该出库物料所在巷道堆垛机最近的出库站作为当前出库物料的完成位置。计算该运送所对应的运送开始时间和运送完成时间。

第 3 步:若至少还有一个物料要出库,为 FCFS 序列加入新物料,转第 2 步;否则,转第 4 步。

第 4 步:计算结束。输出出库序列和总出库时间。

3.5.3 计算结果分析

本节的结果分析对应地分为三部分。

(1) 两种出库站分配策略的对比

对比两种不同出库站分配策略对应的 G-GA 和 R-GA 得到的各算例的求解结果。针对每个算例,采用表 3-3 中的遗传算法参数设置,分别采用 G-GA 和 R-GA 求解 10 次,并记录求出的最好解、解的均值、求解平均时间。计算结果详见表 3-4。其中,C_{G-GA} 和 C_{R-GA} 分别代表 G-GA 和 R-GA 求出的解的均值;dev 表示 G-GA 与 R-GA 的平均偏差,具体计算方式为:$dev = \frac{C_{G-GA} - C_{R-GA}}{C_{R-GA}} \times 100\%$。

从表 3-4 中可以看出,在与遗传算法参数设置一样的情况下,G-GA 求出的各组算例的最好解均优于 R-GA 求出的该问题的最好解,G-GA 与 R-GA 的求解平均时间相差不多。从 dev 的值可以看出,G-GA 求出的各组算例的解的均值均优于 R-GA 求出的解的均值。说明采用贪婪算法为运送分配出库站所构造出的原问题的可行解质量更好。

表 3-4　G-GA 与 R-GA 计算结果对比

算例	R-GA			G-GA			dev /%
	最好解	均值	平均时间/s	最好解	均值	平均时间/s	
1	111.50	111.500	0.050	111.50	111.500	0.047	0
2	149.50	151.100	0.109	145.50	145.500	0.094	−3.71
3	195.00	195.750	0.065	192.00	192.000	0.066	−1.92
4	207.60	208.600	0.110	203.60	203.600	0.056	−2.40
5	217.50	220.350	0.147	216.00	216.450	0.164	−1.77
6	284.00	286.500	0.141	276.00	276.000	0.132	−3.66
7	284.80	290.200	0.152	278.80	279.000	0.128	−3.86
8	364.00	365.250	0.703	359.00	360.125	0.859	−1.40
9	639.20	666.200	4.334	591.20	595.480	4.884	−10.62
10	967.90	991.550	5.672	912.40	916.450	5.922	−7.57
11	1 166.00	1 190.850	20.750	1 116.50	1 120.800	19.453	−5.88
12	1 585.20	1 652.970	124.125	1 390.20	1 399.890	115.109	−15.31
13	1 653.50	1 665.935	135.484	1 524.10	1 528.390	132.343	−8.26
14	2 183.20	2 196.220	162.156	2 055.00	2 062.200	156.093	−6.10
15	2 500.25	2 521.100	153.720	2 298.05	2 305.333	161.840	−8.56

（2）G-GA 与 CPLEX 计算结果及下界的对比

针对每组算例，下界由式（3-19）计算而来，每个算例的最优解由 CPLEX 对每个算例所对应的混合整数规划模型进行求解得来。由于问题较为复杂，当问题规模增大时，问题的变量和约束的数量呈爆发式增长，此时，CPLEX 并不能在合理时间内求出问题的最优解。参照研究文献中常用的方法，对 CPLEX 不能在 24 h 内求出最优解的算例，根据问题规模设置一个计算时间限制，并保存 CPLEX 在该时间内求出的最好解，以与遗传算法的求解结果进行比较。本章为所有算例设定 24 h 的计算时间限制。表 3-5 给出了计算结果，其中 dev 和 gap 分别表示遗传算法得到的解的平均值 C 与 CPLEX 求得的最优解或最好解 C_{CPLEX} 以及与问题下界 LB 的偏差，$dev = \dfrac{C - C_{CPLEX}}{C_{CPLEX}} \times 100\%$，

$gap = \dfrac{C - LB}{LB} \times 100\%$。

表 3-5　G-GA 与 CPLEX 计算结果、下界对比

算例	CPLEX		G-GA			LB	dev /%	gap /%
	最优解/ 最好解	平均时间/s	最好解	均值	平均时间/s			
1	111.50	0.08	111.50	111.500	0.047	107.50	0	3.72
2	145.50	0.73	145.50	145.500	0.094	143.50	0	1.39
3	191.60	59.87	192.00	192.000	0.066	187.50	0.210	2.40
4	203.60	21.43	203.60	203.600	0.056	201.60	0	0.99
5	216.00	6 043.40	216.00	216.450	0.164	214.50	0.210	0.91
6	276.00	9 442.86	276.00	276.000	0.157	275.00	0	0.36
7	278.80	*	278.80	279.000	0.128	276.80	0.070	0.79
8	359.00	*	359.00	360.125	0.859	357.75	0.310	0.66
9	589.20	*	591.20	595.480	4.884	583.20	1.070	2.11
10	912.40	*	912.40	916.450	5.922	904.90	0.440	1.28
11	1 138.00	*	1 116.50	1 120.800	19.453	1 108.50	−1.510	1.11
12	1 539.00	*	1 390.20	1 399.890	115.109	1 347.70	−9.040	3.87
13	1 591.70	*	1 524.10	1 528.390	132.343	1 494.75	−3.980	2.25
14	2 060.30	*	2 055.00	2 062.200	156.093	2 032.00	0.090	1.49
15	2 373.05	*	2 298.05	2 305.333	1 61.840	2 232.75	−2.850	3.25
平均值							−0.998	1.77

注：* 表示计算时间为 24 h。

从表 3-5 可以看到,CPLEX 只能在 24 h 内求出前 6 个算例的最优解。而 G-GA 求出的算例 1、2、4、6 的最好解及解的均值均与 CPLEX 求得的最优解相同;G-GA 求出算例 3、5 的最好解与 CPLEX 求出的最优解相等,G-GA 对这两个算例求得的解的均值与最优解非常接近,偏差仅在 0.21% 左右。说明 G-GA 能够求出一定规模算例的最优解,G-GA 有效。对于其他算例,G-GA 求出的解的均值与 CPLEX 在 24 h 内求得的最好解的偏差介于 −9.04% ~1.07% 之间,总的平均偏差为 −0.998%,很显然整体上而言,G-GA 的求解结果更好。此外,遗传算法的计算时间远远小于 CPLEX 的计算时间,也即遗传算法有较高的求解效率。

由于 CPLEX 并不能精确求出所有算例的最优解,因此还需要将 G-GA 的计算结果与下界进行对比。从表 3-5 可以看出,对于 CPLEX 能够求出精确解的算例,LB 在该算例的值与该最优解的值非常接近,说明本章给出的 LB 质量

较好。对于 CPLEX 不能求出最优解的算例,遗传算法求出的解的均值与问题下界 LB 的偏差介于 0.66%～3.87% 之间,总的平均偏差为 1.77%,可以认为遗传算法求出的解为近似最优解,具有较好的计算精度。

(3) G-GA 与 FCFS 计算结果的对比

用 FCFS 调度规则对表 3-1 给出的 15 个算例进行调度,计算 10 次,保留每个算例的最好解和解的均值。与 G-GA 对这 15 个算例求得的最好解、解的均值进行对比,详见表 3-6。由于 FCFS 调度规则求解每个算例的时间都非常短,因此不再单独给出 FCFS 的计算时间。表 3-6 中的 dev_{FCFS} 的计算方式为

$$dev_{FCFS} = \frac{C_{GA} - C_{FCFS}}{C_{FCFS}} \times 100\%,$$ 其中 C_{FCFS} 代表 FCFS 调度规则求得的解的平均值。

表 3-6 G-GA 与 FCFS 计算结果对比

算例	FCFS		G-GA		dev_{FCFS} /%
	最好解	均值	最好解	均值	
1	111.50	111.500	111.50	111.500	0
2	149.50	152.900	145.50	145.500	-4.84
3	196.50	202.530	192.00	192.000	-5.20
4	203.60	205.540	203.60	203.600	-0.94
5	222.00	227.540	216.00	216.450	-4.87
6	282.00	282.000	276.00	276.000	-2.13
7	290.80	309.518	278.80	279.000	-9.86
8	366.50	370.325	359.00	360.125	-2.75
9	625.20	688.000	591.20	595.480	-13.45
10	973.90	1 016.950	912.40	916.450	-9.88
11	1 166.00	1 209.250	1 116.50	1 120.800	-7.31
12	1 575.20	1 718.950	1 390.20	1 399.890	-18.56
13	1 666.55	1 710.350	1 524.10	1 528.390	-10.64
14	2 207.30	2 262.160	2 055.00	2 062.200	-8.84
15	2 437.05	2 558.770	2 298.05	2 305.333	-9.91
平均值					-7.28

从表 3-6 中可以看出,除第一个算例,G-GA 对其他所有算例的求解结果均优于 FCFS 的调度结果。在前 6 个小规模算例上,G-GA 得到的方案较 FCFS

得到的出库方案偏差较小,最大偏差为－5.20％;随着出库物料数量的增加,FCFS 求出的几个规模较大算例的调度结果与 G-GA 给出的平均解的偏差基本在－7％以上。G-GA 与 FCFS 得到的结果的总平均偏差为－7.28％,很显然 G-GA 远远优于 FCFS 得到的调度结果。此外,对比表 3-6 中 FCFS 对每个算例的求解结果和表 3-5 中 CPLEX 对每组算例的求解结果,可以看出 CPLEX 求出的每个算例的解均优于 FCFS 得到的解。主要原因有两点:① 采用 FCFS 对 RGV 系统进行调度时并未与堆垛机的调度整合起来进行考虑;② 采用先来先服务规则,RGV 完成一个运送后,有可能需要行驶较远距离去开始下一个运送。因此,采用 FCFS 调度 RGV 时,势必产生 RGV 额外等待时间或往复行驶时间。而混合整数规划模型中考虑了堆垛机和 RGV 的协同调度,这在很大程度上减少了不必要的 RGV 等待时间或额外的往复行驶时间。

综上可知,本研究所建立的混合整数线性规划模型是正确的,所提出基于原问题可行解构造算法的改进遗传算法能以较高的效率求出最优解或近似最优解,且调度结果在较大程度上优于 FCFS 的调度结果。此外,从 CPLEX 的计算结果来看,CPLEX 仅能在合理时间内求出规模较小的几个算例的最优解,因而可以断定,本章所研究的问题在很大程度上是 NP 难题。

3.6　本章小结

在 AS/RS 中,RGV 系统非常重要,RGV 系统的调度的结果对 AS/RS 的出库效率有很大影响。本章研究了具有直线往复单 RGV 系统的 AS/RS 出库调度问题,根据堆垛机作业以及 RGV 作业的特征和关系,提出了刻画物料出库过程的运送出库顺序约束、堆垛机拣货顺序约束、RGV 运送的时间约束和位置约束。不同于以往的研究,本研究采用数学规划法对问题进行精确建模和求解,首次建立了与堆垛机调度协同的直线往复单 RGV 调度问题的 MILP 模型,目标是最小化物料出库时间。本章提出并证明了最优解的性质,给出了问题的下界;提出了改进遗传算法对问题进行求解,使用了基于 RGV 运送顺序的染色体编码方式。在初始解构造方面,分别应用贪婪策略和随机分配策略为物料分配出库站,形成对应的 G-GA 和 R-GA 两个改进遗传算法。应用最优解的性质对每一代中较优的部分染色体进行改进,并对改进遗传算法的复杂性进行了分析。算例试验结果显示:相较于 R-GA,G-GA 能够求出到更好的解;与 CPLEX 求出的解和下界的对比结果表明本研究提出的模型有效,所提出的基于贪婪策略分配出库站的改进遗传算法能够在较短时间求出小规模算例的最优解,能求出其余算例的近似最优解,与下界的平均偏差为 1.77％;与 FCFS 调度规则得到的调度方案相比,G-GA 的性能显著优于 FCFS,整体上而言,G-GA 得到的出库时间较 FCFS 求出的出库时间降低了 7.28%。这是由于 G-GA 获得的 RGV 调度满足本章提出的所有约束条件,是从全局优化的角度对 RGV 的每个运送的开始时间、完成时间和完成位置进行确定。而采用 FCFS 调度规则对 RGV 系统进行调度时,未整合堆垛机的调度,且不能从全局角度对 RGV 系统进行优化。这更说明了对 RGV 系统的优化调度问题进行精确建模的必要性。本章探讨了堆垛机与 RGV 的协同调度,对比了两种出库站分配策略,证明了最优解的性质,为后续章节的研究内容奠定了基础。

4 考虑无重叠区直线往复双穿梭车的出库调度

本章在第 3 章的基础上,研究了直线往复 RGV 系统中有两辆 RGV 时的 AS/RS 出库调度问题。采用区域划分的方法对有直线往复双穿梭车(2-RGV)系统的 AS/RS 出库调度问题进行简化,分区后,两辆 RGV 的行驶路线无重叠区,其仅有可能在区域边界发生碰撞。分区法能够最大程度减少 RGV 碰撞,在实际中有广泛应用。考虑了堆垛机的协同调度,建立了与堆垛机协同的无重叠区的双穿梭车调度的混合整数规划模型,目标是最小化物料的总出库时间,提出了求解算法,给出了问题的下界用以评价算法的性能。算例试验表明本章所提出的算法能够在较短时间内求出问题的较高质量的解。

4.1 引言

第 3 章讨论了 AS/RS 出库过中与堆垛机协同的直线往复单 RGV 系统的调度问题,然而,在现实中,一辆 RGV 的工作能力是有限的,当入/出库物料数量较多时,只使用一辆 RGV 很难满足入/出库搬运作业的需求,物料搬运系统中往往会引入两辆或多辆 RGV 同时执行搬运作业。本章研究了 AS/RS 中两辆 RGV 共用一条轨道的直线往复 RGV 系统的调度问题。为方便起见,将直线轨道上往复运行的两辆 RGV 的调度问题记为直线往复 2-RGV 调度问题。在直线往复 2-RGV 系统中,轨道上的两辆 RGV 均可以访问任意出库输送机和出库站,执行物料搬运作业。若调度不当,RGV 之间极易发生相互碰撞[即存在以下情况:一辆 RGV 在行驶过程中可能与另一辆空行驶或载货行驶的 RGV 发生碰撞,或两辆 RGV 在同一时间访问同一位置(同一个出库输送机或出库站)],进而导致 RGV 系统崩溃,影响入/出库作业的效率。如何有效避免 RGV 碰撞是直线往复 2-RGV 系统需要解决的重要问题。可知,相对于直线往复单 RGV 调度问题而言,直线往复 2-RGV 调度问题更为复杂。图 4-1 给出了有两辆 RGV 的立体仓库布局图。

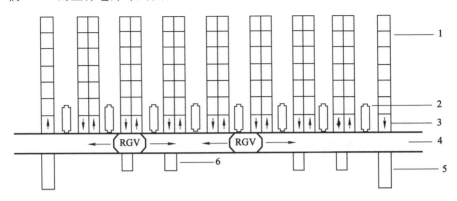

1—存储货架;2—堆垛机;3—输送机;4—轨道;5—入库站;6—出库站。

图 4-1 　2-RGV 的立体仓库布局图

在研究直线往复 RGV 系统优化控制文献中可以看到,很多学者在对 RGV 系统进行优化控制研究时,都采用了将存储区域按照 RGV 轨道上几个点划分为几个区域,再采用调度规则或启发式规则进行研究,这样做能够有效减少和避免 RGV 的碰撞或死锁[12,42,50]。与直线往复 2-RGV 系统中 RGV 相互碰撞类似的冲突避免问题,也出现在双抓钩周期性调度问题中。Lei 等[116]在求解双抓钩周期调度问题时提出分区的方法,将生产线分为两个区域,并将两个区域内的运送分别分配给两个抓钩,找出两个区域抓钩调度问题的公共周期,通过比较不同的分区结构找到最好解。周支立等[117-118]使用分区方法对双抓钩周期调度问题进行精确求解。因此,本章在前述研究的基础上,借鉴分区法的思想对直线往复 2-RGV 的调度问题进行研究。

与前述采用分区法避免碰撞的 RGV 系统优化控制的研究的不同之处在于,本章尝试用数学规划法对该问题进行精确建模和求解,在给定出库物料数量的情况下找出最佳的区域划分,并得到每个区域内的 RGV 运送的最佳排序,目的是使物料的总出库时间最小。本章区域划分的基本思想是将 AS/RS 的存取系统(所有出库输送机和出库站)按照轨道上某点一分为二,将分界点左右两侧的运送分别分配给两辆 RGV。分区后可能存在两种情况:一种是完全分区,即将 AS/RS 的存取系统分为完全不存在任何重叠的两个区域,RGV 执行这两个区域内的运送时不会产生任何碰撞,可以认为此时分区法将无重叠区的直线往复 2-RGV 系统调度问题简化为两个直线往复单穿梭车调度问题;另一种是边界重叠,即两个区域的边界点位置与某出库站或出库输送及位置相同,两辆 RGV 在执行这两个区域内的运送时其行驶路线在这个出库输送机或出库站位置发生重叠,因而,两辆 RGV 可能在区域边界发生碰撞,此时无重叠区的直线往复双穿梭车系统调度问题可看作仅在边界处需要考虑碰撞避免的两个单穿梭车调度问题。图 4-2 给出了两种分区的 RGV 分配示意图,图 4-2(a)给出了第一种分区情况——完全分区即边界无重叠分区的示意图,其中出库输送机 $1,\cdots,a-1$ 和出库站 $1,\cdots,e-1$ 属于区域 1,该区域内的运送均分配给穿梭车 v_1 运送的完成位置只能在该区域内;出库输送机 $a,\cdots,m$ 属于区域 2,其所有运送均分配给穿梭车 v_2,这些运送的完成位置可以为出库站 $e,\cdots,N$ 中的任一个。图 4-2(b)给出了区域边界重叠分区的 RGV 分配示意图,其中巷道 a 内的物料和出库站为区域分界点,巷道 a 内的物料既可以分配给穿梭车 v_1,也可以分配给穿梭车 v_2,两个区域内的物料都可以搬运至出库站 e。对于第二种分区情况,只需要保证两辆 RGV 不在同一时间访问区域边界既可避免碰撞。分区法能够有效降低 RGV 相互碰撞的概率以及问题求解的复杂性。

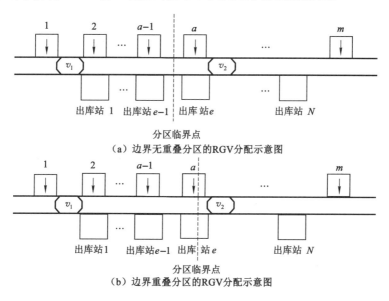

图 4-2　分区的 RGV 分配示意图

　　本章根据分区情况下的 2-RGV 系统的运作特征,提出了分区临界点冲突避免约束,建立了与堆垛机协同的 RGV 行驶路线无重叠区的 2-RGV 调度问题的混合整数规划模型,目的是最小化物料的总出库时间。对于 2-RGV 系统分区的第一种情况而言,区域划分后的 2-RGV 调度问题可看作两个单 RGV 调度问题,而第二种分区情况需要考虑两辆 RGV 在分区临界点的冲突避免约束,因此较第一种情况复杂得多。因此,路线无重叠的直线往复 2-RGV 调度问题极有可能是 NP 难题。本章提出了混合遗传算法对问题进行求解。

4.2　问题描述与建模

本章研究的问题可以描述如下:某立体仓库有 N 个出库站,m 条巷道,2 辆 RGV。仓库的布局图详见图 4-1。每条巷道有两排货架,并配备一台巷道堆垛机。巷道 a 对应的出库输送机记为出库输送机 a。本章研究出库过程中的 RGV 调度问题,不考虑入库作业,因此为简洁起见记输送机 1 为原点,其他所有出库输送机和出库站的位置均设定为其到原点的距离。每台巷道堆垛机的驻点设定为对应巷道的出库输送机,堆垛机完成一次拣货后总是回到驻点。两辆 RGV 往复行驶于同一直线轨道进行物料的搬运作业,左边的 RGV 记为 v_1,右边的 RGV 记为 v_2。用 J_{aj} 表示存储在巷道 a 内的第 j 号物料(并不代表出库顺序),运送 aj 代表将物料 J_{aj} 从出库输送机 a 运送到某个出库站的一个 RGV 运送。仓库系统收到出库指令后所有堆垛机开始拣货,堆垛机从存储贝位取出物料并搬运至对应的出库输送机。每辆 RGV 将各自区域内的物料从出库输送机搬运至区域内的某个出库站。若某堆垛机未完成一次拣货,RGV 需要在出库输送机处等待,或搬运其他物料。RGV 在装载或卸载物料时需要在同一位置停留 u 时间。当区域分界点恰好位于某出库输送机或某个出库站位置时,两辆 RGV 可能发生碰撞,为了避免碰撞,两辆 RGV 不能同时访问同一位置。为了避免碰撞,RGV 之间要保持安全距离。

4.2.1　基本假设

调度问题必须满足以下假设:

(1) 每个贝位的容量为一件物料,为方便描述,文中所使用的"一件物料"指代一单位物料(一托盘或一箱)。

(2) 堆垛机每次最多只能拣取一件物料。

(3) 出库输送机同一时段时只能容纳一件物料。当出库输送机空闲时,巷道堆垛机才能开始拣取下一件物料。

(4) RGV 每次最多只能搬运一件物料。

(5) 每个出库输送机和出库站同一时段只能接待一辆 RGV。

(6) RGV 在执行载货运送和空运送时的速度是恒定的。

(7) 一旦 RGV 开始某运送,中途不能停止,直至该运送完成后,才可停止。

(8) 堆垛机从相邻两个贝位拣取物料所需的单位时间增量为定值。

(9) 0 时刻 RGV 可以位于轨道的任意位置;0 时刻所有巷道出库输送机上

没有物料,且所有巷道堆垛机可以开始出发拣货。

4.2.2　参数和变量

模型中的变量定义如下:

m——巷道数;

N——出库站个数;

n_a——巷道 a 内出库物料数量;

a,b——巷道编号,$a,b=1,\cdots,m$;

j,k——巷道内物料编号,$j,k=1,\cdots,n_a$;

e——出库站编号,$e=1,\cdots,N$;

v——RGV 编码;

NUM——待出库物料总数;

V——RGV 的平均速度,假设 RGV 匀速行驶;

P_a——输送机 a 的位置;

q_e——出库站的位置;

M——一个很大的正整数;

t_{ae}——RGV 从出库输送机 a 行驶到出库站 e,或从出库站 e 行驶到出库输送机 a 所需要的时间;

u——RGV 装载或卸载物料所需的平均时间;

r_{aj}——堆垛机拣取物料 J_{aj} 所需要的时间,即堆垛机从驻点出发,拣取物料,并回到驻点位置,卸载物料到出库输送机上所需的总时间;

θ——两辆 RGV 之间的安全距离。

模型中的决策变量定义如下:

P_{aj}^{s}——运送 aj 的开始位置;

P_{aj}^{c}——运送 aj 的完成位置;

R_{aj}——运送 aj 的开始时间;

C_{aj}——运送 aj 的完成时间;

C_{max}——所有运送中最大的运送完成时间;

$$x_{aji}=\begin{cases}1 & \text{巷道 } a \text{ 内第 } i \text{ 次出库的物料是 } J_{aj} \\ 0 & \text{其他}\end{cases};$$

$$w_{aje}=\begin{cases}1 & \text{物料 } J_{aj} \text{ 被运输至出库站 } e \\ 0 & \text{其他}\end{cases};$$

$$k_{aj}=\begin{cases}1 & \text{若物料 } J_{aj} \text{ 是最后一个到达出库站的物料} \\ 0 & \text{其他}\end{cases};$$

$$z_{ajv} = \begin{cases} 1 & \text{运送 } aj \text{ 由穿梭车 } v \text{ 来执行} \\ 0 & \text{其他} \end{cases}。$$

同时,本章引入以下变量,用来避免区域分界点处的 RGV 碰撞。这些变量定义的条件为 $a,b=1,\cdots,m;j=1,\cdots,n_a;k=1,\cdots,n_b;a\neq b$ 或 $\forall a=b,j\neq k$。

$$y_{aj,bk}^{ss} = \begin{cases} 1 & \text{若运送 } aj \text{ 早于运送 } bk \\ 0 & \text{其他} \end{cases};$$

$$f_{aj,bk}''^{ss} = \begin{cases} 1 & \text{若运送 } aj \text{ 开始位置不大于运送 } bk \text{ 的开始位置} \\ 0 & \text{其他} \end{cases};$$

$$f_{aj,bk}''^{sc} = \begin{cases} 1 & \text{若运送 } aj \text{ 的开始位置不大于运送 } bk \text{ 的完成位置} \\ 0 & \text{其他} \end{cases};$$

$$f_{aj,bk}''^{cs} = \begin{cases} 1 & \text{若运送 } aj \text{ 的完成位置不大于运送 } bk \text{ 的开始位置} \\ 0 & \text{其他} \end{cases};$$

$$f_{aj,bk}''^{cc} = \begin{cases} 1 & \text{若运送 } aj \text{ 的完成位置不大于运送 } bk \text{ 的完成位置} \\ 0 & \text{其他} \end{cases};$$

$$f_{aj,bk}'^{ss} = \begin{cases} 1 & \text{若运送 } aj \text{ 开始位置不小于运送 } bk \text{ 的开始位置} \\ 0 & \text{其他} \end{cases};$$

$$f_{aj,bk}'^{sc} = \begin{cases} 1 & \text{若运送 } aj \text{ 的开始位置不小于运送 } bk \text{ 的完成位置} \\ 0 & \text{其他} \end{cases};$$

$$f_{aj,bk}'^{cs} = \begin{cases} 1 & \text{若运送 } aj \text{ 的完成位置不小于运送 } bk \text{ 的开始位置} \\ 0 & \text{其他} \end{cases};$$

$$f_{aj,bk}'^{cc} = \begin{cases} 1 & \text{若运送 } aj \text{ 的完成位置不小于运送 } bk \text{ 的完成位置} \\ 0 & \text{其他} \end{cases};$$

$$f_{aj,bk}^{ss} = \begin{cases} 1 & \text{若运送 } aj \text{ 开始位置等于运送 } bk \text{ 的开始位置} \\ 0 & \text{其他} \end{cases};$$

$$f_{aj,bk}^{sc} = \begin{cases} 1 & \text{若运送 } aj \text{ 的开始位置等于运送 } bk \text{ 的完成位置} \\ 0 & \text{其他} \end{cases};$$

$$f_{aj,bk}^{cs} = \begin{cases} 1 & \text{若运送 } aj \text{ 的完成位置等于运送 } bk \text{ 的开始位置} \\ 0 & \text{其他} \end{cases};$$

$$f_{aj,bk}^{cc} = \begin{cases} 1 & \text{若运送 } aj \text{ 的完成位置等于运送 } bk \text{ 的完成位置} \\ 0 & \text{其他} \end{cases}。$$

4.2.3 目标函数

该问题的目标为最小化物料出库时间,目标函数表示为:

$$\text{Minimize} \sum_{a=1}^{m} \sum_{j=1}^{n_a} C_{aj} k_{aj} \tag{4-1}$$

4.2.4 约束条件

（1）运送顺序约束

$$C_{aj} \leqslant C_{\max} \quad a = 1, \cdots, m; \ j = 1, \cdots, n_a \tag{4-2}$$

$$C_{\max} \leqslant C_{aj} + M(1 - k_{aj}) \quad a = 1, \cdots, m; \ j = 1, \cdots, n_a \tag{4-3}$$

$$\sum_{a=1}^{m} \sum_{j=1}^{n_a} k_{aj} = 1 \tag{4-4}$$

$$R_{bk} - R_{aj} \leqslant M y_{aj,bk}^{ss} \tag{4-5}$$

$$a = 1, \cdots, m; b = 1, \cdots, m; j = 1, \cdots, n_a; k = 1, \cdots, n_b; a \neq b \text{ 或 } a = b \text{ 时}, j \neq k$$

$$y_{aj,bk}^{ss} + y_{bk,aj}^{ss} = 1 \tag{4-6}$$

$$a = 1, \cdots, m; b = 1, \cdots, m; j = 1, \cdots, n_a; k = 1, \cdots, n_b; a \neq b \text{ 或 } a = b \text{ 时}, j \neq k$$

约束(4-2)保证了变量 $C_{\max}$ 的正确定义，即 $C_{\max}$ 是所有运送完成时间的最大值。约束(4-3)和(4-4)限制了只有当 $C_{\max} = C_{aj}$ 时，$k_{aj} = 1$；对于其他任意运送，其对应的 k_{aj} 取值为 0。约束(4-5)和(4-6)保证了变量 v_1 的正确定义。

（2）堆垛机作业约束

$$\sum_{i=1}^{n_a} x_{aji} = 1 \quad a = 1, \cdots, m; \ j = 1, \cdots, n_a \tag{4-7}$$

$$\sum_{j=1}^{n_a} x_{aji} = 1 \quad a = 1, \cdots, m; \ i = 1, \cdots, n_a \tag{4-8}$$

$$R_{aj} \geqslant r_{aj} + M(x_{aj1} - 1) \quad a = 1, \cdots, m; \ j = 1, \cdots, n_a \tag{4-9}$$

$$R_{aj} \geqslant r_{aj} + R_{ah} + M(x_{aji} + x_{ah,i-1} - 2) \tag{4-10}$$

$$a = 1, \cdots, m; \ i, j, h = 1, \cdots, n_a; \ h \neq j; i \neq 1$$

约束(4-7)和(4-8)保证了巷道堆垛机每次只拣取一件物料，并且巷道内的每件物料只能被拣取一次。约束(4-9)说明当 J_{aj} 是巷道 a 内第一个出库的物料时，相应的 RGV 运送的开始时间至少为 r_{aj}。当物料 J_{ah} 和 J_{aj} 是堆垛机从巷道 a 上连续两次拣取的物料，且物料 J_{ah} 先于 J_{aj} 被拣取时，约束(4-10)保证在运送 ah 开始后和运送 aj 开始前，堆垛机有足够的时间拣取 J_{aj}。

（3）单个 RGV 的运送约束

$$\sum_{v=1}^{2} z_{ajv} = 1 \quad a = 1, \cdots, m; \ j = 1, \cdots, n_a \tag{4-11}$$

$$\sum_{e=1}^{N} w_{aje} = 1 \quad a = 1, \cdots, m; \ j = 1, \cdots, n_a \tag{4-12}$$

$$C_{aj} = R_{aj} + \sum_{e=1}^{N} t_{ae} w_{aje} + 2u \quad a = 1, \cdots, m; \ j = 1, \cdots, n_a \quad (4\text{-}13)$$

$$R_{bk} \geqslant R_{aj} + \sum_{e=1}^{N} t_{ae} w_{aje} + 2u + \sum_{e=1}^{N} t_{be} w_{aje} + M(z_{ajv} + z_{bkv} + y_{aj,bk}^{ss} - 3)$$

$$(4\text{-}14)$$

$a, b = 1, \cdots, m; \ j = 1, \cdots, n_a; \ k = 1, \cdots, n_b; v = 1, 2; \ \forall a = b, j \neq k$ 或 $a \neq b$

变量 z_{ajv} 给出 RGV 的分配。约束(4-11)保证每件物料只能分配给一辆 RGV。变量 w_{aje} 给出出库站的分配。约束(4-12)保证每件物料只能被搬运至一个出库站。约束(4-13)定义了 RGV 运送的完成时间。假定运送 aj 和运送 bk 是穿梭车 v 的两个连续的运送,且运送 aj 先开始,约束(4-14)说明运送 aj 开始之后,直到穿梭车 v 有足够的时间完成运送 aj 并且行驶到出库输送机 b 后,运送 bk 才能开始。

(4) 运送的位置约束

$$P_{aj}^{s} = P_a \quad a = 1, \cdots, m; \ j = 1, \cdots, n_a \quad (4\text{-}15)$$

$$P_{aj}^{c} = \sum_{e=1}^{N} q_e w_{aje} \quad a = 1, \cdots, m; \ j = 1, \cdots, n_a \quad (4\text{-}16)$$

$$C_{aj} - R_{aj} \geqslant \frac{P_{aj}^{c} - P_{aj}^{s}}{V} + 2u \quad a = 1, \cdots, m; \ j = 1, \cdots, n_a \quad (4\text{-}17)$$

$$C_{aj} - R_{aj} \geqslant \frac{P_{aj}^{s} - P_{aj}^{c}}{V} + 2u \quad a = 1, \cdots, m; \ j = 1, \cdots, n_a \quad (4\text{-}18)$$

约束(4-15)强制令运送 aj 的开始位置为出库输送机 a 的位置。约束(4-16)保证了运送 aj 的完成位置为物料 J_{aj} 所分配的出库站的位置。约束(4-17)和约束(4-18)保证在运送 aj 开始后穿梭车 v 有足够的时间装载物料、从出库输送机 a 行驶至物料所分配的出库站并卸载物料。

假设运送 aj 是分界点左侧区域中的任意运送,运送 bk 是分界点右侧的任意运送,则运送 aj 始终分配给 v_1,运送 bk 始终分配给 v_2。下面对分区约束和分界点冲突避免约束进行分析。

(5) 分区约束

$$P_{aj}^{s} \leqslant P_{bk}^{s} + M(2 - z_{aj1} - z_{bk2}) \quad (4\text{-}19)$$

$a, b = 1, \cdots, m; j = 1, \cdots, n_a; k = 1, \cdots, n_b; a \neq b$ 或 $\forall a = b, j \neq k$

$$P_{aj}^{c} \leqslant P_{bk}^{s} + M(2 - z_{aj1} - z_{bk2}) \quad (4\text{-}20)$$

$a, b = 1, \cdots, m; j = 1, \cdots, n_a; k = 1, \cdots, n_b; a \neq b$ 或 $\forall a = b, j \neq k$

$$P_{aj}^{s} \leqslant P_{bk}^{c} + M(2 - z_{aj1} - z_{bk2}) \quad (4\text{-}21)$$

$a, b = 1, \cdots, m; j = 1, \cdots, n_a; k = 1, \cdots, n_b; a \neq b$ 或 $\forall a = b, j \neq k$

$$P_{aj}^{c} \leqslant P_{bk}^{c} + M(2 - z_{aj1} - z_{bk2}) \tag{4-22}$$

$$a,b = 1,\cdots,m; j = 1,\cdots,n_a; k = 1,\cdots,n_b; a \neq b \text{ 或 } \forall a = b, j \neq k$$

约束(4-19)至(4-22)限定了穿梭车 v_1 所有运送的开始位置和完成位置都不大于 v_2 的所有任意运送的开始位置和完成位置。此时，v_1 和 v_2 的所有运送线路不会产生交叉，尽可能在区域分界点为某输送机或出库站时发生碰撞。

（6）区域分界点冲突避免约束

$$P_{aj}^{s} + \theta - P_{bk}^{s} \geqslant M(f_{aj,bk}^{\prime ss} - 1) \tag{4-23}$$

$$P_{bk}^{s} + \theta - P_{aj}^{s} \geqslant M(f_{aj,bk}^{\prime\prime ss} - 1) \tag{4-24}$$

$$f_{aj,bk}^{\prime ss} + f_{bk,aj}^{\prime ss} = 1 \tag{4-25}$$

$$f_{aj,bk}^{\prime\prime ss} + f_{bk,aj}^{\prime\prime ss} = 1 \tag{4-26}$$

$$f_{aj,bk}^{ss} \leqslant 1 - f_{aj,bk}^{\prime ss} \tag{4-27}$$

$$f_{aj,bk}^{ss} \leqslant 1 - f_{aj,bk}^{\prime\prime ss} \tag{4-28}$$

$$f_{aj,bk}^{ss} \geqslant 1 - f_{aj,bk}^{\prime ss} - f_{aj,bk}^{\prime\prime ss} \tag{4-29}$$

$$P_{aj}^{c} + \theta - P_{bk}^{c} \geqslant M(f_{aj,bk}^{\prime cc} - 1) \tag{4-30}$$

$$P_{bk}^{c} + \theta - P_{aj}^{c} \geqslant M(f_{aj,bk}^{\prime\prime cc} - 1) \tag{4-31}$$

$$f_{aj,bk}^{\prime cc} + f_{bk,aj}^{\prime cc} = 1 \tag{4-32}$$

$$f_{aj,bk}^{\prime\prime cc} + f_{bk,aj}^{\prime\prime cc} = 1 \tag{4-33}$$

$$f_{aj,bk}^{cc} \leqslant 1 - f_{aj,bk}^{\prime cc} \tag{4-34}$$

$$f_{aj,bk}^{cc} \leqslant 1 - f_{aj,bk}^{\prime\prime cc} \tag{4-35}$$

$$f_{aj,bk}^{cc} \geqslant 1 - f_{aj,bk}^{\prime cc} - f_{aj,bk}^{\prime\prime cc} \tag{4-36}$$

$$P_{aj}^{s} + \theta - P_{bk}^{c} \geqslant M(f_{aj,bk}^{\prime sc} - 1) \tag{4-37}$$

$$P_{bk}^{c} + \theta - P_{aj}^{s} \geqslant M(f_{aj,bk}^{\prime\prime sc} - 1) \tag{4-38}$$

$$P_{aj}^{c} + \theta - P_{bk}^{s} \geqslant M(f_{aj,bk}^{\prime cs} - 1) \tag{4-39}$$

$$P_{bk}^{s} + \theta - P_{aj}^{c} \geqslant M(f_{aj,bk}^{\prime\prime cs} - 1) \tag{4-40}$$

$$f_{aj,bk}^{\prime cs} + f_{bk,aj}^{\prime sc} = 1 \tag{4-41}$$

$$f_{aj,bk}^{\prime\prime cs} + f_{bk,aj}^{\prime\prime sc} = 1 \tag{4-42}$$

$$f_{aj,bk}^{sc} \leqslant 1 - f_{aj,bk}^{\prime sc} \tag{4-43}$$

$$f_{aj,bk}^{sc} \leqslant 1 - f_{aj,bk}^{\prime\prime sc} \tag{4-44}$$

$$f_{aj,bk}^{sc} \geqslant 1 - f_{aj,bk}^{\prime sc} - f_{aj,bk}^{\prime\prime sc} \tag{4-45}$$

$$f_{aj,bk}^{cs} \leqslant 1 - f_{aj,bk}^{\prime cs} \tag{4-46}$$

$$f_{aj,bk}^{cs} \leqslant 1 - f_{aj,bk}^{\prime\prime cs} \tag{4-47}$$

$$f_{aj,bk}^{cs} \geqslant 1 - f_{aj,bk}^{\prime cs} - f_{aj,bk}^{\prime\prime cs} \tag{4-48}$$

约束(4-23)至约束(4-48)定义了变量 $f_{aj,bk}^{\prime ss}, f_{aj,bk}^{\prime cc}, f_{aj,bk}^{\prime sc}, f_{aj,bk}^{\prime cs}, f_{aj,bk}^{\prime\prime ss}$，

$f''^{cc}_{aj,bk}$，$f''^{sc}_{aj,bk}$，$f''^{cs}_{aj,bk}$，$f^{ss}_{aj,bk}$，$f^{cc}_{aj,bk}$，$f^{sc}_{aj,bk}$，和 $f^{cs}_{aj,bk}$。

$$R_{bk} \geqslant R_{aj} + u + \frac{P^s_{aj} - P^s_{bk} + \theta}{V} + (z_{aj1} + z_{bk2} + f^{ss}_{aj,bk} - 3)M \qquad (4\text{-}49)$$

$$a,b = 1,\cdots,m; j = 1,\cdots,n_a; k = 1,\cdots,n_b; a \neq b \text{ 或 } \forall a = b, j \neq k$$

约束(4-49)确保在运送 bk 的开始位置等于运送 aj 的开始位置,且运送 aj 先开始于运送 bk 时,在运送 aj 开始后,v_1 有充足时间装载该物料,并载货行驶至距开始位置 θ 距离后,v_2 才能到达该位置开始装载物料。

$$R_{bk} - C_{aj} \geqslant \frac{P^c_{aj} - P^s_{bk} + \theta}{V} + (z_{aj1} + z_{bk2} + f^{cs}_{aj,bk} - 3)M \qquad (4\text{-}50)$$

$$a,b = 1,\cdots,m; j = 1,\cdots,n_a; k = 1,\cdots,n_b; a \neq b \text{ 或 } \forall a = b, j \neq k$$

约束(4-50)确保在运送 bk 的开始位置等于运送 aj 的完成位置且运送 aj 的完成时间小于运送 bk 的开始时间时,v_1 在卸载物料后有充足的时间行驶过该运送的完成位置的 θ 距离后,v_2 才能到达该位置装载物料。

$$C_{bk} \geqslant R_{aj} + 2u + \frac{P^s_{aj} - P^c_{bk} + \theta}{V} + (z_{aj1} + z_{bk2} + f^{sc}_{aj,bk} - 3)M \qquad (4\text{-}51)$$

$$a,b = 1,\cdots,m; j = 1,\cdots,n_a; k = 1,\cdots,n_b; a \neq b \text{ 或 } \forall a = b, j \neq k$$

约束(4-51)保证了在运送 bk 的完成位置等于运送 aj 的开始位置且运送 aj 的开始时间小于运送 bk 的完成时间时,v_1 在开始运送 aj 后有充足时间装载该物料,载货行驶离开该运送开始位置的 θ 距离后,v_2 才能到达该位置开始卸载物料 J_{bk}。

$$C_{bk} \geqslant C_{aj} + u + \frac{P^c_{aj} - P^c_{bk} + \theta}{V} + (z_{aj1} + z_{bk2} + f^{cc}_{aj,bk} - 3)M \qquad (4\text{-}52)$$

$$a,b = 1,\cdots,m; j = 1,\cdots,n_a; k = 1,\cdots,n_b; a \neq b \text{ 或 } \forall a = b, j \neq k$$

约束(4-52)保证了在运送 bk 的完成位置与运送 aj 的完成位置相同且运送 aj 先于运送 bk 完成时,v_1 在完成运送 aj 后有充足的时间行驶运送完成位置的 θ 距离之后,v_2 才能到达该位置开始卸载物料 J_{bk}。

4.3 求解算法及下界

4.3.1 混合遗传算法

本章研究的问题较为复杂,较难直接使用精确算法进行求解,因此本章采用遗传算法对问题进行求解。为了弥补遗传算法在局部搜索方面的不足,将局部搜索方法应用到遗传算法的改进中,每产生新一代种群后使用局部搜索算法对个体进行改进,形成一个混合遗传算法(HGA)。由于分区法是将直线往复

2-RGV 问题简化为两个直线往复单 RGV 调度问题,因此,第 3 章提出的最优解性质依然成立。在应用局部搜索算法改进新一代种群后,使用基于最优解性质的单个运送出库站调整策略改进最优的染色体。

在遗传算法中,交叉概率和选择概率的选取对于遗传算法的计算性能及收敛性具有直接的影响。交叉概率与新个体的产生速度有关系,交叉概率的值越小,产生新个体的速度越慢,收敛越慢;交叉概率的值越大时,遗传算法收敛越快且越容易破坏优良个体的结构。变异概率的大小决定了产生新的染色体模式的快慢,是算法跳出局部最优的决定因素。目前并没有任何研究指出交叉概率和变异概率的取值机理,对于不同问题,往往需要反复试验来确定最佳的交叉概率和变异概率的值。Srinivas 等[154]最早于 1994 年将自适应技术应用到遗传算法的交叉概率和变异概率的计算中。自适应遗传算法的基本原理是在遗传算法的迭代过程中,交叉概率和遗传概率会随种群适应度自动进行调节,当种群个体的适应度接近一致,容易产生收敛至局部最优解时,应该适当增加交叉概率和变异概率,以跳出局部最优,方便找到更好的个体。而在迭代开始、适应度较为分散时,应适当降低交叉概率和变异概率以保证较好质量的染色体不被破坏。自适应遗传算法能够有效避免普通遗传算法收敛早的缺点,并能够提高计算性能。在 Srinivas 等提出的自适应遗传算法中,交叉概率和变异概率的值主要与 $f_{\max} - f_{\mathrm{avg}}$ 的值有关,当种群最大适应值与平均适应值的差值变小时,需要适当增大交叉概率和变异概率,反之亦然。之后,很多学者都在此基础上对交叉概率和变异概率的自适应技术进行了不同程度的改进,这些改进的主要目的是调整群体中个体的适应度达到最大值时个体的交叉概率和变异概率,以保留最优个体不被破坏,将交叉概率的计算方式与两个交叉的父代染色体的适应值联系起来,并将变异概率与变异个体的适应值联系起来,这些改进能够不同程度地调整算法跳出局部最优的能力和算法的收敛速度。Palit 等[155]提出了一种改进的自适应的交叉概率和变异概率的计算方式,将低于平均适应值个体的交叉概率和变异概率与种群最小适应值联系起来。Wu 等[156]将个体与其他所有个体的适应值差的总和引入交叉概率和变异概率的计算中,用以改进交叉概率和变异概率的计算方式。Hinterding 等[157-158]提出了一种改进的自适应的变异概率和交叉概率的计算方式。Ho 等[159]提出了一个基于规则的自适应技术。Zhang 等[160-161]提出了一种基于模糊控制的改进交叉概率和变异概率的自适应计算方法。王小平等[162]给出了一种改进的自适应交叉概率和变异概率的计算方式,通过改进后对于较差的个体其交叉概率和变异概率的值较大,对于较优的个体交叉概率和变异概率值较小,且最优个体也具有一定的交叉概率和变异概率。在使用这种自适应方法计算交叉概率和变异概率时,需要采用精英保留策略将每一代中的优良个体直接复制到下一代，以保证其不会被破坏。王成东等[163]定义了一个种群多样性指标，并将之用来计算自适应的交叉概率和变异概率。王万良等[164]在王小平[162]自适应方法的基础上提出了两种改进计算方法。当前，关于诸多的改进交叉概率和变异概率的自适应技术，尚未有理论表明如何改进效果更好，往往都需要针对具体问题进行计算对比。本章的遗传算法中的交叉概率和变异概率采用文献[162]提出的改进自适应的交叉概率和变异概率计算方式。下面介绍本章中提出的混合遗传算法的一些主要内容。

（1）染色体编码及可行解构建

在求解 2-RGV 调度问题时，需要求出以下三部分信息：物料的出库顺序；每件物料所分配到的 RGV 信息；每件物料所分配的出库站信息。本节采用上一章提出的基于 RGV 运送顺序的染色体编码方式。由 RGV 运送的一个排列来表示一条染色体。只有运送顺序并不代表全部解的信息，因而需要通过算法构造出一个完整的序列。第 3 章的研究结果显示，在分配出库站时贪婪策略优于随机分配策略，因此本节采用贪婪策略为每个运送分配出库站，即物料总是被 RGV 搬运至该区域内的距其所在出库输送机最近的出库站。本问题的求解关键是如何选择区域分界点。在确定好区域分界点后，依据分区原则，左边区域内的运送应该分配给 v_1，右边区域内的所有运送分配给 v_2。

由于堆垛机拣取货架上不同位置内存储的物料所需的时间不同，对于某些拣取时间较大的物料，堆垛机不能够及时将该物料拣取到出库输送机上，RGV 只能在某时间之后开始该物料的搬运作业。通过调整 RGV 搬运物料的顺序总能够保证 RGV 在搬运该物料时不会产生不必要的等待时间。因而，堆垛机的拣货时间主要对 RGV 搬运物料的顺序有影响，对总体的物料出库时间不存在较大影响。物料出库总时间主要与出库物料数量有关。因此，为避免出现一辆 RGV 忙碌、另一辆 RGV 空闲的情况，在进行区域划分时，以 RGV 运量平衡作为分区标准之一。为了均衡两辆 RGV 的运量，在进行 RGV 分配时，要求两辆 RGV 运量的差值不大于 1。在确定 RGV 和出库站的分配方案后，每条染色体都代表原问题的一个可行解。可行解的构建由以下三部分组成：

① 为每个物料确定唯一的编码

根据物料所在巷道的编号及其在巷道内的编号对所有运送进行自然数编码。比如巷道 1 内第 1 号物料对应运送的编码为 1，而 1 号巷道内的第 10 号物料对应的运送编码为 10。依此类推，对 2 号巷道及剩余巷道内的物料进行编码。对于任意的 $b(b>1)$ 号巷道内的第 k 物料对应运送的编码为 $\sum_{a=1}^{b-1} n_a + k$。

染色体长度为出库物料总数。

② 划分区域，并为运送分配 RGV

分配 RGV 时需要平衡两辆 RGV 的运量，并尽量减少两辆 RGV 的碰撞。由于对存取系统进行分区实际上是对所有出库输送机（巷道）和出库站进行分区，因此，本研究对 m 条巷道进行分区，确定区域分界点后，对 RGV 和出库站进行分配。

记临界巷道为 F，将 F 的初始值设为 $\lfloor m/2 \rfloor$，记巷道 1 至巷道 F 的出库物料总数为 Z_1，巷道 $F+1$ 至巷道 m 内的出库物料总数为 Z_2。为了平衡 RGV 的工作量，若 $Z_1=Z_2$ 或 $|Z_1-Z_2|\leqslant 1$，则巷道 1 至巷道 F 记为区域 1，巷道 $F+1$ 至巷道 m 记为区域 2，将区域 1 内的所有运送分配给 v_1，区域 2 内的所有运送分配给 v_2。若 $|Z_1-Z_2|>1$，则需要考虑调整临界巷道 F 的位置，在需要时还应对 F 上的物料进行再分配。具体的调整过程如下：

a. 记 $\text{cha}=Z_1-Z_2$，若 $\text{cha}/2\geqslant n_F$，则令 $F=F-1$，更新 cha 值，直至 $\text{cha}/2<n_F$ 为止。此时，临界巷道 F 的位置确定。若同时满足 $\text{cha}/2\leqslant 1$，则分区完成，巷道 1 至巷道 F 记为区域 1，巷道 $F+1$ 至巷道 m 记为区域 2。若 $1<\text{cha}/2<n_F$，则 v_1 与 v_2 的行驶路线重叠于 F 处的出库输送机位置，可以认为，巷道 1 至巷道 F 作为区域 1，巷道 F 至巷道 m 作为区域 2。此时需要将染色体中属于该巷道的前 $\text{cha}/2$ 个物料分配给 v_1，$(n_F-\text{cha}/2)$ 个物料分配给 v_2。

b. 当 $\text{cha}<-1$，即 $Z_2-Z_1>1$ 时，需要将 F 右移。若 $\text{cha}/2\leqslant -n_F$，则 $F=F+1$，更新 cha 值，直至 $-n_F\leqslant \text{cha}/2$。若 $-1\leqslant \text{cha}/2\leqslant 0$，巷道 1 至巷道 F 记为区域 1，巷道 $F+1$ 至巷道 m 记为区域 2。若 $-n_F\leqslant \text{cha}/2<-1$ 时，两个区域重叠于巷道 F 处的出库输送机位置，则将 $\text{cha}/2$ 个物料分配给 v_1，$(n_F-\text{cha}/2)$ 个物料分配给 v_2。

③ 为运送分配出库站

分配出库站时要遵循两条原则：区域内的物料只能分配给区域内的出库站，且要尽可能减少或避免区域临界点处的碰撞。若某区域内只有一个出库站，则该区域内的所有物料必须分配给该出库站。若某区域内有多个出库站，此时需要考虑两种情况：a. 两个区域边界不在某出库站位置。此时，采用贪婪策略对出库站进行分配，即任意巷道 $a(a=1,\cdots,m)$ 上的物料总是被搬运至距离巷道 a 最近的出库站。b. 两个区域的边界重叠，区域边界位置同时与某出库站位置重合。此时，应将分配给某个 RGV 运送的完成位置调整为除该出库站外距该巷道最近的同区域内的出库站。这样能够有效减少两辆 RGV 在区域边界位置发生碰撞的可能性，即能够减少不必要的 RGV 等待时间。

至此，一条代表运送序列、RGV 分配和出库站分配的染色体构建完成，只需计算出序列中每个运送对应的开始时间就可以得到原问题的一个可行解。例如,假设有 3 条巷道,2 个出库站,2 辆 RGV,每条巷道内待出库物料数分别为(2,1,2)。图 4-3 给出了该算例的任意一个基因,其中 3 表示运送代码,2 表示该运送分配给 v_2,1 表示该物料被搬运至 1 号出库站。图 4-4 给出了该算例任意的一条染色体。在后面的交叉变异中,都以基因为单位进行操作。

图 4-3　一个基因　　　　　　　　图 4-4　一条长度为 5 的染色体

（2）初始种群的生成

为了保持种群的多样性,本研究使用随机生成的方式构建染色体中代表运送序列的部分,代表 RGV 分配与出库站分配的部分则按照上述可行解的构建方法构建。

由于问题的目标是最小化所有物料的总出库时间,因此本研究的适应值计算函数的计算方式如下:计算每一代中每个个体对应的问题的目标函数值,记为 $\overline{C}_{\max}$,找出其中最大的 $\overline{C}_{\max}$ 并记为 MC,则个体的适应值计算函数可表示为 Fitness=MC$-\overline{C}_{\max}$。

（3）遗传算子的设计

遗传算子包括选择算子、交叉算子和变异算子。本研究采用锦标赛规则来选择进行交叉的父辈染色体。交叉概率和变异概率采用文献[162]提出的改进的自适应计算方式,经过小规模算例试验后,对文献[162]中的几个给定参数值进行了调整,本节所用的改进的自适应交叉概率和变异概率的计算方式如下:

$$
P_c = \begin{cases} k_1 - \dfrac{(k_1 - k_2)(f' - \overline{f})}{f_{\max} - \overline{f}} & f' \geqslant \overline{f} \\ k_1 & f' < \overline{f} \end{cases} \tag{4-53}
$$

$$
P_m = \begin{cases} k_3 - \dfrac{(k_3 - k_4)(f_{\max} - f)}{f_{\max} - \overline{f}} & f \geqslant \overline{f} \\ k_3 & f < \overline{f} \end{cases} \tag{4-54}
$$

式中,$k_1 = 0.9$,$k_2 = 0.7$,$k_3 = 0.1$,$k_4 = 0.002$;$f_{\max}$ 表示群体中的最大适应值;$\overline{f}$ 表示每一代种群的平均适应值;f' 表示进行交叉的两个父代染色体的较大的适应值;f 表示前一个体的适应值。

(4) 混合遗传算法的主要内容

① 选择操作

本节采用锦标赛选择策略,首先从当前种群中随机选择种群规模的 1/10 个的染色体,从中选取适应值最大的个体作为一个父代染色体。其次,按照同样方法选出另一个与已选染色体不同的染色体作为另一个父代染色体。

② 交叉操作

按式(4-53)计算出当前代的交叉概率,采用两点交叉策略进行交叉。首先,随机生成两个基因位,交换两个染色体在这两个基因位之间的对应基因段;其次,调整两条染色体的其余基因段中发生重复的基因。此时,产生一对新染色体。

③ 变异操作

按式(4-54)计算出变异概率,同时采用了反转变异和两点交换变异。当随机产生的(0,1)间的数小于一个概率 δ 时,采用两点交换变异;当随机产生的数大于 δ 而小于变异概率时,采用反转变异。反转变异是将随机产生的两个基因位之间的基因段顺序反转,两点交换变异是交换随机产生的两个基因位上的基因。

④ 改进操作

改进操作分为两部分。

首先,应用局部搜索算法对较优的种群规模的 1/4 个个体进行改进。局部搜索算法是基于迭代邻域搜索的算法。在进行局部搜索时,邻域个体的产生方法如下:从个体的染色体中随机选取两个基因,交换这两个基因的位置,得到新的染色体,若新染色体优于原染色体,则将原个体替换为新个体,继续搜索新个体的邻域。反之,若新染色体不比原个体好,则继续搜索原个体的邻域。当每个个体达到一定的改善次数之后,局部搜索算法终止。考虑本章研究的问题是 RGV 行驶路线无重叠的调度问题,为了提高局部搜索算法的效率,在构造邻域时,每次只对一条染色体中代表两个分配给同一辆 RGV 的运送的基因位进行交换。

其次,应用第 3 章提出的最优解性质对局部改进后的新种群中最优的个体进行出库站改进。应用式(3-18)对分配给同一辆 RGV 的连续两个运送进行出库站调整,为了保证优良个体的结构不被破坏,采用出库站调整策略对最优个体进行调整,若调整后的个体优于调整前的个体,则其替换种群中适应值最小的个体。

以遗传算法的进化代数和适应值的稳定度作为停止准则。当进化指定代数或连续一定代数中最优适应值趋于稳定时,遗传算法终止。

（5）混合遗传算法的实施步骤

第1步：初始化。设定遗传算法的参数，如种群的大小、交叉概率、变异概率、δ、遗传迭代的最大代数、精英保留数量及局部改进次数等。

第2步：创建初始种群。随机产生染色体中代表运送序列的部分并完善染色体中代表 RGV 分配和出库站分配的部分，将初始种群记为当前种群。

第3步：计算种群中个体的适应值，并使用精英保留策略保留指定数量的染色体到下一代中。

第4步：从当前种群中选择两个父辈染色体进行交叉操作产生两个染色体，依照一定概率进行变异操作，生成两个子代染色体。重复第4步直至子代染色体数量达到种群数量。

第5步：对子代种群中的个体应用改进策略，并记子代种群为当前种群。重复第3步至第5步，直至满足遗传算法的停止准则。

（6）HGA 的复杂度分析

记巷道数为 m、出库站数为 N、出库物料总数记为 NUM，种群规模为 popu，总迭代次数为 sumgen。

读入数据、编码和产生初始种群所需的复杂度为：$O(popu * NUM^2)$。

迭代过程中需要计算个体适应值、选择、交叉、变异、局部搜索改进操作和针对最优个体的出库站调整改进操作，这些步骤所需的复杂度分别为：

计算适应值的复杂度：$O(popu * NUM^2)$；

精英保留策略：$O(popu^2)$；

选择操作的复杂度：$O(popu)$；

交叉操作的复杂度：$O(popu + NUM^2)$；

变异操作的复杂度：$O(popu + NUM)$；

局部搜索算法的复杂度：$O(popu * NUM^2)$；

出库站调整改进操作的复杂度：$O(NUM^3)$；

冒泡排序算法的复杂度：$O(popu^2)$。

综上可知，遗传算法的总的复杂度为：

$$O(popu * NUM^2 + sumgen * (popu * NUM^2 + popu^2 + popu * (popu + popu + popu + NUM^2 + popu + NUM) + popu * NUM^2 + popu^2 + NUM^3))$$
$$= O(sumgen * (popu^2 + popu * NUM^2 + NUM^3))$$

从计算时间复杂度的分析可知，遗传算法的复杂度主要与出库物料总数的立方、迭代次数以及种群规模的平方成正比。当问题规模 NUM→∞时，可知算法的复杂度为 $O(NUM^3)$。

4.3.2　问题的下界

本章研究的是行驶路线无重叠区的 2-RGV 系统调度问题。为了评价本章提出的混合遗传算法的计算性能,特给出该问题的一个下界。

从 4.1 的分析可以看出,行驶路线无重叠的 2-RGV 调度问题实际上是将存取区域按照 RGV 轨道上某点一分为二,将问题简化为两个单 RGV 调度问题,进而对问题进行求解。在求下界时,按照物料数进行区域划分,找到每一种可能的区域划分对应的下界,则其中最小的下界必然是路线无重叠的 2-RGV 调度问题的下界。

物料数为 NUM,则按照 RGV 运量进行分区所能得到的所有区域划分为 $(1, \text{NUM}-1), (2, \text{NUM}-2), \cdots, (k, \text{NUM}-k), \cdots, (\text{NUM}-1, 1)$,共 $\text{NUM}-1$ 种。对于任意第 k 个划分 $(k, \text{NUM}-k)$,区域 1 内的 RGV 的运量为 k,区域 2 内的 RGV 的运量为 $\text{NUM}-k$,C_1^k 代表第 k 种区域划分对应的区域 1 的物料出库时间下界,C_2^k 代表第 k 种区域划分对应的区域 2 的物料出库时间下界,记 τ_a 为 RGV 从任一物料 i 所在出库输送机行驶到最近出库站的时间,r_i 为堆垛机拣取物料 i 所需的时间,$r = \min\{r_i, i=1, \cdots, k\}$,$r' = \min\{r_i, i=k+1, \cdots, \text{NUM}\}$,$t'_i$ 为 RGV 从物料 i 所在出库输送机行驶到最近的出库站的时间,则行驶路线无重叠的直线往复 2-RGV 调度问题的下界可以表示为:

$$\text{LB} = \min_{k=1, \cdots, \text{NUM}-1} \{\max\{C_1^k, C_2^k\}\} \tag{4-55}$$

式中,$C_1^k = r + k \times 2u + 2\sum_{i=1}^{k} t'_i - \tau$;$C_2^k = r' + (\text{NUM}-k) \times 2u + 2\sum_{i=k+1}^{\text{NUM}} t'_i - \tau$;$t'_i = \min\{t_{ie}, e=1, \cdots, N\}$;$\tau = \max\{t'_i, i=1, \cdots, \text{NUM}\}$。

证明:首先,从某辆 RGV 的运送开始时间和结束时间着手分析。假设两辆 RGV 中某一辆 RGV 共搬运了 k 件物料,不妨假设其运送顺序为 $(m_1, m_2, \cdots, m_k)$,运送 m_1 的开始时间满足式 $R_1 \geqslant r_1$(r_i 为堆垛机拣取该物料所需的时间),其他任一运送 $m_i(i=1, \cdots, k)$ 的开始或完成时间均需要满足约束(4-10)、(4-14) 及(4-49) 至(4-52)。记 R'_i 为约束(4-49) 至(4-52)给出的运送 m_i 的最早开始时间,则有 $\max\{r_i + R_{i-1}, R_{i-1} + \sum_{e=1}^{N} t_{i-1,e} w_{i-1,e} + 2u + \sum_{e=1}^{N} t_{ie} w_{i-1,e}, R'_i\} \leqslant R_i$。该式中 R'_i 是要满足冲突避免约束得到的运送开始时间,其必然满足堆垛机拣货时间、单辆 RGV 运送开始时间,即 $\max\{r_i + R_{i-1}, R_{i-1} + \sum_{e=1}^{N} t_{i-1,e} w_{i-1,e} + 2u + \sum_{e=1}^{N} t_{ie} w_{i-1,e}\} \leqslant R'_i$。

其次,通过忽略堆垛机拣取物料 i 可能造成的 RGV 等待时间,即假设 RGV 在搬运物料 i 时,堆垛机已将其卸载到出库输送机,则有 $R_{i-1}+\sum_{e=1}^{N}t_{i-1,e}w_{i-1,e}+2u+\sum_{e=1}^{N}t_{ie}w_{i-1,e}\leq R_i$。

再次,假设 RGV 总是从距离巷道出库输送机最近的出库站出发拣货,且总是将物料搬运至最近的出库站时,记 t'_{ie} 为 RGV 从物料 i 所在出库输送机行驶到最近出库站的时间,$t'_i\leq t_{ie},e=1,\cdots,N$,则 $R_{i-1}+t'_{i-1}+2u+t'_i\leq R_{i-1}+\sum_{e=1}^{N}t_{i-1,e}w_{i-1,e}+2u+\sum_{e=1}^{N}t_{ie}w_{i-1,e}\leq R_i$ 成立,也即 $R_{i-1}+t'_{i-1}+2u+t'_i\leq R_i$ 成立。

最后,假设 $r\leq r_i,i=1,\cdots,n$,根据堆垛机拣货时间约束,有 $r\leq R_1$;$R_1+t'_1+2u+t'_2\leq R_2$,即 $r+t'_1+(2-1)\times 2u+t'_2\leq R_2$;$R_2+t'_2+2u+t'_3\leq[r+t'_1+(2-1)\times 2u+t'_2]+t'_2+2u+t'_3=r+(3-1)\times 2u+t'_1+2t'_2+t'_3\leq R_3$;$R_3+t'_3+2u+t'_4\leq[r+(3-1)\times 2u+t'_1+2t'_2+t'_3]+t'_3+2u+t'_4=r+(4-1)\times 2u+t'_1+2t'_2+2t'_3+t'_4\leq R_4$。

同理可知任一运送 m_i 的开始时间:$r+t'_1+(i-1)\times 2u+2\sum_{j=2}^{i-1}t'_j+t'_i\leq R_i$,最后一个运送 m_k 的开始时间:$r+t'_1+(k-1)\times 2u+2\sum_{j=2}^{k-1}t'_j+t'_k\leq R_k$,运送 m_k 的完成时间为 $C_k=R_k+2u+\sum_{e=1}^{N}t_{k,e}w_{ke}$,即 $r+t'_1+k\times 2u+2\sum_{i=2}^{k}t'_i\leq C_k$。记 $\tau=\max\{t'_i,i=1,\cdots,\mathrm{NUM}\}$,则有 $r+k\times 2u+2\sum_{i=1}^{k}t'_i-\tau\leq r+t'_1+k\times 2u+2\sum_{i=2}^{k}t'_i\leq C_k$,记 $C_1^k=r+k\times 2u+2\sum_{i=1}^{k}t'_i-\tau$,则有 $C_1^k\leq C_k$,也即 C_1^k 是 C_k 的一个下界。记另一辆 RGV 运输了 $\mathrm{NUM}-k$ 件物料,另一辆 RGV 的最后一个物料的完成时间为 $C_{\mathrm{NUM}-k}$,$r'\leq r_i,i=k+1,\cdots,\mathrm{NUM}$,其下界为 $C_2^k=r'+(\mathrm{NUM}-k)\times 2u+2\sum_{i=k+1}^{\mathrm{NUM}}t'_i-\tau$,则该划分对应的路线无重叠的 2-RGV 调度问题的目标函数 $C_A^k=\max\{C_k,C_{\mathrm{NUM}-k}\}\geq\max\{C_1^k,C_2^k\}$,也即 $C_A^k\geq\max\{C_1^k,C_2^k\}$。

对于任意的 k 不等式 $\min_{k=1,\cdots,\mathrm{NUM}-1}\{\max\{C_1^k,C_2^k\}\}\leq\max\{C_1^k,C_2^k\}\leq C_A^k$ 显然成立,因此,$\min_{k=1,\cdots,\mathrm{NUM}-1}\{\max\{C_1^k,C_2^k\}\}$ 是路线无重叠的 2-RGV 调度问题的下界。

4.4　数值试验

本节对本章所提出的混合遗传算法的计算性能进行评价。当前尚未见有文献采用数学规划法对有直线往复 2-RGV 系统出库优化调度问题进行精确数学建模，因而无法找到 benchmark 的算例进行对比。为了检验算法的性能，本节参照某自动化立体仓库的设施布局，设计了 34 个不同规模的算例。并将混合遗传算法对这些算例的求解结果与 CPLEX 的计算结果及式(4-55)给出的下界 LB 进行对比。同时还采用通用禁忌搜索(tabu search,简称 TS)算法对各算例进行求解，以评价本章提出的混合遗传算法的计算性能。HGA 和 TS 均由 C++语言编程实现，每个算例对应的混合整数规划(mixed integer programming,简称 MIP)模型均由 CPLEX12.5 进行求解，所有计算均在 3.10 GHz、4 GB RAM 的计算机上进行。

4.4.1　对比算法

禁忌搜索算法是一种全局逐步寻优的启发式算法，能够在保证解的多样性的同时，寻找到全局最优，应用十分广泛。本节采用禁忌搜索算法作为对比算法对问题进行求解，用以评价本章所提出的混合遗传算法的有效性。下面给出禁忌搜索算法的主要内容。

（1）初始解

采用与混合遗传算法中相同的染色体表达方式和可行解构造算法来表示和构造禁忌搜索算法的初始解。采用随机方式生成一组 RGV 运送序列，按照可行解构造算法为该序列中每个运送分配好穿梭车和出库站，并根据提出的数学模型计算出每个运送的冲突避免的开始时间和完成时间，即可以得到一个问题的初始可行解。

（2）邻域构造法

采用 2-opt 方法构造搜索邻域。随机选中当前解的某初始解的两个位置，反转这两个位置上的运送顺序，则能得到一个该个体的邻居。本节的初始解是由可行解构造算法得到，该算法能保证在使用 2-opt 方法构造邻域时，每次进行邻域变换所得到的解均是原问题的可行解。

（3）评价函数

解的评价函数采用目标函数值。每产生一个邻域内新解后，按照模型计算其对应的目标函数值，并用来评价这个解。

（4）候选解集的选择

每次在当前解的邻域中随机选择若干个候选解,作为候选解集。

（5）禁忌对象和禁忌长度的选择

将每次迭代产生的最好的且未被禁忌的解作为禁忌对象,加入禁忌表当中。禁忌表的长度约等于出库物料个数的开方即 $\sqrt{NUM}$,其值需按问题的规模进行计算确定。

（6）赦免准则

当某被禁忌的候选解的目标函数值优于当前得到的全局最优解时赦免该候选解,或当所有候选解都被禁忌时,解禁禁忌表中最早进入的候选解。禁忌搜索算法的停止准则为迭代到最大迭代次数,或最优目标函数值在连续一定迭代次数内趋于稳定。

（7）禁忌搜索算法的实施步骤

第1步:初始化。构造一个初始解 X,设 X 为当前解,记 X 为当前最优解 X^*,记 X 的目标函数值为最优目标函数值 C^*,禁忌表 T 为空。设定禁忌搜索算法的最大迭代数、每次迭代选取的候选解个数、每次寻找候选解的最大搜索次数及禁忌表长度。当前迭代数 $k=0$。

第2步:判断停止条件,若满足转第4步;否则,令 $k=k+1$,转第3步。

第3步:若所有候选解都被禁忌,则解禁禁忌表中最早被禁忌的解,并设为最优候选解;否则,从候选解集中选出目标函数值最小的一个候选解 Y,若 Y 未被禁忌,则 Y 作为最优候选解;若 Y 被禁忌,判断其是否满足赦免准则,若满足,则选 Y 为最优候选解;若 Y 被禁忌且不满足赦免准则,则选取候选解集中未被禁忌的最好解作为最优候选解。将最优候选解加入禁忌表,同时更新禁忌表。设最优候选解为当前解,计算其评价函数值,若当前解优于 X^*,则更新 X^* 和 C^*。跳至第2步。

第4步:停止迭代,输出最优解 X^* 和最优目标函数值 C^*。

4.4.2 算例设计及算法参数设置

（1）算例设计

为了检验本章提出的混合整数规划模型和遗传算法的有效性,本节设计了 34 个不同规模的算例进行测试。根据算例规模的大小,将 34 个算例分为 3 组:12 个小规模算例、11 个中等规模算例和 11 个大规模算例。算例的产生方法与第 3 章的算例生成方法相同。堆垛机拣取每个物料所需的时间均由式(3-20)计算而来。所有算例所使用的仓库布局的参数均来自某自动化立体仓库。具体的参数设置和取值范围与第 3 章的相同,详见表 3-2。表 4-1 给出了算例规模的参数设置。其中前 3 个算例都只使用了 1 至 4 号出库输送机和 1 至 2 号出库站。本研究对于每组算例中每条巷道内待出库物料数作了不同设置。

表 4-1 算例规模的参数设置

算例		$m * N$	n_a	NUM
小规模算例	S1	4 * 2	1,3,1,2	7
	S2	4 * 2	1,2,4,3	10
	S3	4 * 2	4,3,3,2	12
	S4	8 * 4	1,1,2,1,2,1,2,3	13
	S5	8 * 4	2,1,2,2,1,3,3,1	15
	S6	8 * 4	2,2,2,2,2,2,2,2	16
	S7	8 * 4	1,3,2,5,4,1,1,1	18
	S8	8 * 4	4,3,1,3,1,2,1,5	20
	S9	8 * 4	3,1,5,3,6,2,1,4	25
	S10	8 * 4	3,4,3,2,3,4,5,4	28
	S11	8 * 4	3,5,5,2,3,4,5,3	30
	S12	8 * 4	8,2,3,5,8,3,1,3	33
中等规模算例	M1	8 * 4	1,4,7,6,3,9,2,4	36
	M2	8 * 4	7,3,5,8,4,4,3,6	40
	M3	8 * 4	9,3,6,5,4,5,3,8	43
	M4	8 * 4	8,7,6,9,7,3,2,3	45
	M5	8 * 4	8,9,9,9,4,6,3,2	50
	M6	8 * 4	8,4,6,3,7,4,10,12	54
	M7	8 * 4	7,7,7,7,7,7,7,7	56
	M8	8 * 4	11,10,12,7,4,9,3,4	60
	M9	8 * 4	9,7,3,6,13,9,10,5	62
	M10	8 * 4	9,13,2,8,7,5,9,12	65
	M11	8 * 4	10,9,4,5,10,7,13,10	68
大规模算例	L1	8 * 4	8,9,9,5,10,9,13,7	70
	L2	8 * 4	12,10,12,15,11,5,3,7	75
	L3	8 * 4	13,12,13,12,12,13,12,13	100
	L4	8 * 4	31,20,18,21,13,25,12,10	150
	L5	8 * 4	19,15,23,23,30,30,30,30	200

表 4-1(续)

算例		$m * N$	n_a	NUM
大规模算例	L6	8 * 4	30,30,20,20,40,50,35,25	250
	L7	8 * 4	45,25,40,40,35,30,50,35	300
	L8	8 * 4	40,50,40,40,40,50,60,30	350
	L9	8 * 4	60,55,75,60,30,35,55,30	400
	L10	8 * 4	60,70,80,40,50,50,50,50	450
	L11	8 * 4	50,45,75,80,60,90,70,30	500

（2）算法参数设置

在对比两个启发式算法的性能时，文献通常设定两个标准：① 限制计算时间标准，即为两个算法设定相同的计算时间；② 无限制标准，即根据算例规模对各算法进行参数设置，并多次计算，通过对比两个启发式算法获得的平均解及平均求解时间来评价两个算法的优劣。为了找到该问题最好的调度方案，根据无限制标准，让两个启发式算法按照自身参数设置进行计算。为了尽量公平地进行对比，分别对混合遗传算法的种群数量、最大迭代次数、精英保留数等参数，以及禁忌搜索算法的候选解个数、禁忌表长度等参数进行了多次试验，在试验的基础上确定了每个算例相对较好的参数组合作为最终对应算法的参数值，详见表 4-2 和表 4-3。

表 4-2　混合遗传算法的参数设置

参数	取值
种群规模	10,30,30,30,30,30,40,40,45,50,50,60,70,80,100,100,120,150,150,160, 160,180,180,200,200,250,250,300,350,400,450,450,500,500
最大迭代次数	10,15,20,20,20,20,30,40,40,40,40,50,55,60,80,80,100,100,100,100, 100,100,100,120,120,150,150,180,180,200,200,250,250,250
稳定迭代次数	3,5,5,10,10,10,10,12,15,15,15,15,18,18,20,20,20,20,20,25,25,25,25, 25,30,30,30,30,30,30,30,30,30,30
δ	0.05
精英保留数	2,3,5,5,5,5,6,8,8,8,8,10,10,10,12,12,15,15,15,15,15,15,15,15,15,15, 18,20,25,30,30,35,40,40,45
局部改进次数	2,3,3,3,5,5,5,5,6,6,8,8,8,8,10,10,12,12,12,15,15,15,16,16,16,16, 18,18,18,18,18,18,18

表 4-3 禁忌搜索算法参数设置

参数	取值
总迭代次数	45,55,60,80,80,120,150,200,300,300,400,450,500,600,600,650,650,700,700,700,800,800,900,900,1000,1000,1100,1200,1300,1400,1500,1600,1700,1700
搜索最佳候选解的次数	3,5,8,8,15,15,20,30,40,50,60,80,80,100,100,100,120,120,150,180,180,200,200,200,250,300,350,350,400,500,550,600,600,600
候选解个数	2,3,5,5,10,10,15,20,25,30,40,50,50,50,60,70,70,70,80,100,100,120,120,120,150,180,200,250,300,300,300,400,400,400
禁忌表长度	2,3,3,3,4,4,4,4,5,5,5,5,6,6,6,6,7,7,7,7,8,8,8,9,10,12,14,15,17,18,20,21,22

混合遗传算法在中等规模、小规模算例的迭代停止准则为:迭代到最大迭代次数或连续一定代数最优目标函数值未改近。对于大规模算例,由于其规模较大,需要在混合遗传算法的求解时间和求解精度之间平衡,根据多次计算试验,为前 4 个大规模算例设置的停止准则为:迭代到最大迭代次数或连续一定代数最优目标函数值改进总和小于 3;中间 3 个算例的停止准则为:迭代到最大迭代次数或连续一定代数最优目标函数值改进总和小于 10;最后 4 个算例的停止准则为:迭代到最大迭代次数或连续一定代数最优目标函数值改进总和小于 20。鉴于问题的复杂性,当规模增大时,CPLEX 并不能在合理时间内求出其最优解。根据算例的规模,将小规模算例的 CPLEX 计算时间设为 24 h,中等规模算例的 CPLEX 计算时间设为 36 h。对于大部分大规模算例而言,CPLEX 甚至不能在有限时间内得到问题的可行解,失去了与混合遗传算法对比的意义,因此,本节并未用 CPLEX 求解大规模算例。调用 HGA 对每个算例进行 10 次计算,分别记录混合遗传算法求出的最好解、解的均值以及求解平均时间。计算每个问题的下界 LB。调用 TS 算法对每个算例计算 10 次,以得到 TS 算法的最好解和解的均值。三组不同规模算例的计算结果详见表 4-4 和表 4-5。混合遗传算法在每个算例解的平均值 C_{HGA} 与 CPLEX 求解结果 C_{CPLEX} 及与通用禁忌搜索算法得到的平均值 C_{TS} 的偏差 dev_{CPLEX} 及 dev_{TS} 为:$dev_{CPLEX} = (C_{HGA} - C_{CPLEX})/C_{CPLEX} \times 100\%$,$dev_{TS} = (C_{HGA} - C_{TS})/C_{TS} \times 100\%$。$C_{HGA}$ 与下界的 gap 为 $gap = (C_{HGA} - LB)/LB \times 100\%$。

表 4-4　中等规模、小规模算例计算结果

算例		CPLEX		TS			HGA			LB	gap/%	dev$_{CPLEX}$/%	dev$_{TS}$/%
		最优解/最好解	平均时间/s	最好解	均值	平均时间/s	最好解	均值	平均时间/s				
小规模算例	S1	94.90	1.9	94.90	94.90	0.230	94.90	94.90	0.05	90.25	5.15	0	0
	S2	131.50	21.4	131.50	135.63	0.210	131.50	131.50	0.18	128.00	2.73	0	-3.05
	S3	124.00	177.6	124.00	126.50	0.435	124.00	124.00	0.32	124.00	0	0	-1.98
	S4	154.75	8 822.0	154.75	156.04	0.261	154.75	154.75	0.32	151.25	2.31	0	-0.83
	S5	185.00	*	185.00	185.40	0.413	185.00	185.00	0.27	181.00	2.21	0	-0.22
	S6	158.50	*	158.50	159.40	0.440	157.00	158.88	0.38	155.50	2.17	0.24	-0.33
	S7	202.45	*	200.85	202.10	0.641	200.85	200.89	0.92	197.45	1.74	-0.77	-0.60
	S8	203.50	*	202.50	204.95	1.310	201.00	203.35	1.78	198.00	2.70	-0.07	-0.78
	S9	275.35	*	283.40	283.80	1.440	283.40	283.72	2.18	268.95	5.49	3.04	-0.03
	S10	320.50	*	317.00	319.10	2.870	317.00	318.70	2.64	311.00	2.48	-0.56	-0.13
	S11	282.50	*	279.50	280.90	2.350	278.00	279.95	2.89	273.50	2.36	-0.90	-0.34
	S12	362.65	*	359.80	360.81	3.190	359.80	360.57	3.48	351.75	2.51	-0.57	-0.07
中等规模算例	M1	408.00	**	402.00	405.00	4.690	402.00	403.00	3.53	391.00	3.07	-1.23	-0.49
	M2	402.50	**	386.50	388.65	3.890	385.50	387.95	4.13	374.50	3.59	-3.61	-0.18
	M3	471.36	**	454.60	457.50	5.390	454.60	456.59	6.19	446.45	2.27	-3.13	-0.20
	M4	520.00	**	512.00	515.74	5.626	511.00	512.45	7.83	497.00	3.11	-1.45	-0.64
	M5	480.00	**	479.00	482.05	17.670	474.50	480.20	21.80	459.00	4.62	0.04	-0.38

表 4-4（续）

算例		CPLEX		TS			HGA			LB	gap /%	dev_CPLEX /%	dev_TS /%
		最优解/最好解	平均时间/s	最好解	均值	平均时间/s	最好解	均值	平均时间/s				
中等规模算例	M6	575.50	**	565.95	568.74	18.310	562.30	564.92	25.40	544.25	3.80	−1.84	−0.67
	M7	623.50	**	612.50	614.25	20.890	611.00	613.95	26.17	607.00	1.14	−1.53	−0.05
	M8	609.50	**	561.00	565.25	23.420	559.50	564.50	26.98	541.00	4.34	−7.38	−0.13
	M9	754.25	**	647.75	650.32	31.750	647.20	649.04	36.82	628.25	3.31	−13.95	−0.20
	M10	732.00	**	723.00	724.41	35.620	719.50	722.90	43.12	713.00	1.39	−1.24	−0.21
	M11	754.00	**	644.00	647.45	41.430	639.00	642.25	46.43	625.00	2.76	−14.82	−0.80
平均值											2.84	−2.16	−0.53

注：* 表示 CPLEX 计算时间为 24 h；** 表示 CPLEX 计算时间为 36 h。

表4-5 大规模算例计算结果

算例	TS			HGA			LB	gap/%	dev$_{TS}$/%
	最好解	均值	平均时间/s	最好解	均值	平均时间/s			
L1	709.15	711.48	48.16	702.00	706.80	51.16	688.25	2.70	−0.66
L2	847.00	847.90	64.73	840.00	844.05	61.83	815.00	3.56	−0.45
L3	933.50	938.35	159.74	931.50	935.10	166.72	915.00	2.20	−0.35
L4	1 448.50	1 455.10	245.32	1 446.50	1 454.60	239.74	1 367.00	6.41	−0.03
L5	1 966.00	1 972.80	384.63	1 959.00	1 967.25	405.93	1 863.00	5.60	−0.28
L6	2 449.00	2 455.68	516.22	2 429.50	2 437.00	494.31	2 315.00	5.27	−0.76
L7	2 941.00	2 951.92	676.13	2 935.20	2 949.87	707.83	2 887.00	2.18	−0.07
L8	3 400.20	3 416.95	839.31	3 378.00	3 396.36	880.31	3 337.00	1.78	−0.60
L9	3 994.00	4 010.16	1 174.68	3 993.00	4 002.40	1 091.80	3 837.00	4.31	−0.19
L10	4 405.00	4 435.20	1 208.31	4 402.40	4 410.80	1 185.72	4 317.00	2.17	−0.55
L11	4 840.30	4 885.76	1 253.90	4 815.00	4 871.24	1 187.58	4 777.00	1.97	−0.30
平均值								3.47	−0.39

4.4.3　计算结果分析

调用 CPLEX12.5 求解每个算例对应的混合整数规划模型以得到每个算例的最优解。

（1）与 CPLEX 及下界比较

① 小规模算例的结果分析

首先，将 HGA 求解结果与 CPLEX 的计算结果进行比较。由表 4-4 可知，对于 CPLEX 能够精确求解的小规模算例的前 4 组算例，混合遗传算法都能求出其最优解。对于 CPLEX 未能在 24 h 内求出最优解的算例 S5、S6 及 S7，HGA 在 S5 上求得的结果与 CPLEX 求得的最好解相同，除算例 S9 外，HGA 求出其他小规模算例的最好解基本上均优于 CPLEX 的解，解的均值与 CPLEX 偏差较小，在 -0.9% 到 0.23% 之间。

在算例 S9 上求出的解的均值稍劣于 CPLEX 在 24 h 内求出的最好解，其偏差为 3.04%。从计算时间上看，HGA 的计算时间仅为几秒钟，远小于 CPLEX 计算时间。

其次，将 HGA 计算结果与下界 LB 进行比较。从表 4-4 可以看出，对于 CPLEX 能够求出最优解的前 4 个小规模算例而言，混合遗传算法与下界的平均偏差分布在 $0 \sim 5.15\%$，对于 CPLEX 不能在 24 h 内精确求解的其他小规模算例而言，除算例 S9 外，混合遗传算法与下界的平均偏差分布在 $1.74\% \sim 2.51\%$，偏差较小。在算例 S9 上的平均偏差为 5.49%。综上可知，整体上而言，对于小规模算例，HGA 能够在短时间内获得问题的最优解或近似最优解。

② 中等规模算例的结果分析

从表 4-4 可以看到，在中等规模算例上，HGA 求得的解的均值与 CPLEX 在 36 h 内求得的最好解的偏差大部分分布于 $-3.61\% \sim 0.04\%$ 之间，比较接近。在算例 M8、M9 和 M11 上，平均偏差较大，分别为 -7.38%、-13.95% 和 -14.82%。在中等规模算例上，HGA 与下界的平均偏差分布于 $1.14\% \sim 4.62\%$ 之间。HGA 的求解时间均在 1 min 以内。可以认为，HGA 在较短时间内获得了近似最优解。整体上而言，对于中等规模、小规模算例，整体上 HGA 与下界的平均偏差为 2.84%，与 CPLEX 的总平均偏差为 -2.16%。

③ 大规模算例的结果分析

从表 4-5 可以看到，对于大规模算例而言，HGA 求得的解与下界的平均偏差在 $1.78\% \sim 6.41\%$ 之间，总平均偏差为 3.47%，偏差较小。虽然随着算例规模增大，HGA 的计算时间增加较快，但大部分算例在 10 min 内可以获得与下界的 gap 较小的解。

（2）与 TS 算法比较

对于小规模算例，从表 4-4 中可以看到，TS 算法均能获得最优解或得到与 HGA 最好解相同或偏差极小的解，HGA 得到的解与 TS 算法的解平均偏差在 -3.05%～0 之间。对于中等规模算例，从表 4-4 可以看到，HGA 获得的所有中等规模算例的解的均值都优于 TS 算法，平均偏差在 -0.8%～-0.05% 之间。相较于 TS 算法，HGA 对中等规模、小规模算例的求解结果以 0.53% 的平均偏差优于 TS 算法。

对于大规模算例，从表 4-5 可以看出，HGA 得到的所有算例的最好解均优于 TS 算法得到的最好解，且 HGA 得到的解的均值均优于 TS 算法得到的解的均值，其偏差在 -0.66%～-0.03% 之间，总平均偏差为 -0.39%。在所有算例上，HGA 以 0.49% 的平均偏差优于 TS 算法。

从计算时间上看，TS 算法的计算时间与 HGA 求解每个算例的平均计算时间相差不多。可以认为，本节的计算结果也大致满足了评价标准，即相同的计算时间相同。因而可以认为，相较于 TS 算法，HGA 具有更好的求解性能。

综上可知，本章提出的混合遗传算法能够获得部分小规模算例的最优解，能够获得其他算例的近似最优解（与下界的总平均偏差为 3.04%）。相较于 TS 算法，本章提出的 HGA 具有较好的求解性能。

此外，为了展示通过求解混合整数规划模型得到的最优解以及通过遗传算法得到最好解的确是无碰撞的 RGV 调度，本章从 34 个算例中选出几组各巷道内出库物料分布均衡和不均匀的算例，分别给出混合遗传算法或 CPLEX 的求解结果和运送-时间图，详见图 4-5～图 4-13 和附录 A 表 1 至表 7。运送-时间图中，横轴表示物料出库所用时间，单位为秒（s），纵轴表示出库站或出库输送机的坐标（其距 1 号出库输送机的距离），单位为米（m），虚线表示 RGV 的空运送或等待，实斜线表示 RGV 运送，横实线表示 RGV 装载或卸载动作。

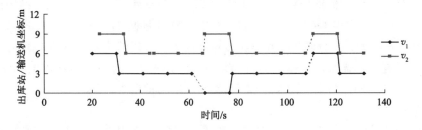

图 4-5　算例 S2 的 CPLEX 最优解的运送-时间图

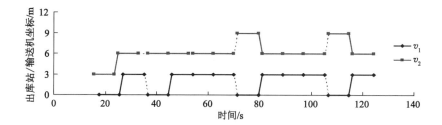

图 4-6 算例 S3 的 CPLEX 最优解的运送-时间图

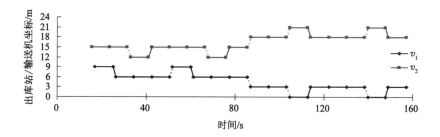

图 4-7 算例 S6 的 HGA 最好解的运送-时间图

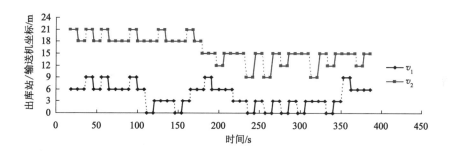

图 4-8 算例 M2 的 HGA 最优解的运送-时间图

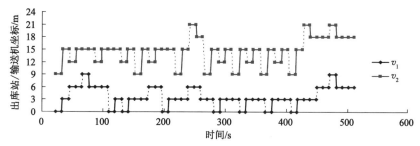

图 4-9 算例 M4 的 HGA 最好解的运送-时间图

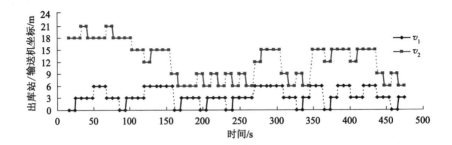

图 4-10　算例 M5 的 HGA 最好解的运送-时间图

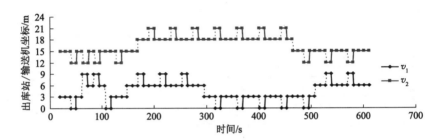

图 4-11　算例 M7 的 HGA 最好解的运送-时间图

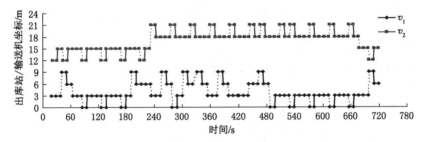

图 4-12　算例 M10 的 HGA 最好解的运送-时间图

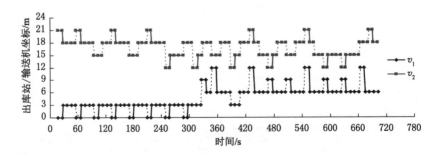

图 4-13　算例 L1 的 HGA 最好解的运送-时间图

在图 4-7、图 4-11 和图 4-12 中,两辆 RGV 的行驶路线完全无重叠,其余图中两辆 RGV 的行驶路线在某出库站或出库输送机位置重叠。从图 4-5 至图 4-13 可以看出,虽然 RGV 的行驶路线在某些位置重叠,然而无论是在 CPLEX 求出的问题的最优解,还是 HGA 获得的问题的最好解中两辆 RGV 均未在这些位置产生碰撞,说明本章提出的冲突避免约束能够有效避免 RGV 的相互碰撞。

4.5 本章小结

本章研究了具有直线往复 2-RGV 系统的 AS/RS 出库调度问题,通过将存取系统沿 RGV 轨道上某点划分为两个区域,并将两个区域内的运送分别分配给一辆 RGV,每辆 RGV 只负责将区域内的物料搬运至区域内的出库站,将问题简化为仅可能在区域分界点发生碰撞的路线无重叠区的 2-RGV 出库调度问题,该问题可看作满足区域边界冲突避免约束的两个直线往复单 RGV 的出库调度问题。分区法是学者进行 RGV 调度研究时常用的模式,它能够有效减少RGV 冲突。本章提出了区域分界点处的 RGV 冲突避免约束,建立了与堆垛机调度协同的无重叠区的 2-RGV 出库调度问题的混合整数规划模型,目标函数是最小化物料出库时间。本章使用基于运送序列的染色体编码方式,并采用可行解构造算法构造染色体。在构造可行解时,同时考虑了平衡的 RGV 运量。本章提出了混合遗传算法对该问题进行求解,使用了改进的自适应技术计算交叉概率和变异概率,并利用第 3 章提出的出库站调整策略和局部搜索算法对每一代染色体进行改进。本章提出了问题的下界。为了检验混合遗传算法的有效性,设计了 34 个不同规模的算例进行计算。算例试验结果表明:与禁忌搜索算法相比,本章提出的混合遗传算法的计算结果比 TS 算法获得的出库时间平均降低了 0.49%;混合遗传算法能够获得部分小规模算例的最优解或偏差极小的近似最优解,能够获得其余算例与下界的平均偏差为 2.84% 的质量较好的解;与 CPLEX 均能获得无冲突的 RGV 调度。由于 CPLEX 仅能精确求解规模较小的算例,随着问题规模增大,其求解质量则急剧下降,对于一些大规模算例,CPLEX 甚至不能在合理时间内求出问题的可行解。本章给出算例的规模最大为 500 单位出库物料,混合遗传算法能够在合理时间给出与下界偏差较小的调度方案,因此,混合遗传算法具有更广的适用范围。此外,从算例计算结果的运送-时间图可知,本章提出的模型有效,能够有效避免 RGV 在区域边界处的碰撞。

5 考虑重叠区直线往复双穿梭车的出库调度

本章对第 4 章的研究问题进行拓展,研究了一般意义上的考虑行驶路线有重叠区直线往复 2-RGV 系统的 AS/RS 出库调度问题,在对两辆 RGV 可能发生碰撞的情况进行分析的基础上提出了 RGV 冲突避免约束,建立了与堆垛机协同的有重叠区双穿梭车调度的混合整数规划模型,目标是最小化物料出库时间。同时,提出了混合遗传禁忌搜索算法发对问题进行求解,并给出了问题的下界以评价算法的性能。算例试验表明,本章提出的算法能够有效求解不同规模的问题。

5.1 引言

第 4 章采用分区法研究了直线往复 2-RGV 的调度问题,并建立了与堆垛机协同的 RGV 行驶路线无重叠区的 2-RGV 调度问题的混合整数规划模型,研究目的是找到一个最佳的区域划分以及该分区下的最佳 RGV 调度,使得物料的总出库时间最小。分区法的优点是能够最大限度地减少 RGV 之间的碰撞,降低问题求解的复杂性,使问题的求解变得相对简单。然而,分区法是将整个存取系统从 RGV 轨道上某点一分为二,将直线往复 2-RGV 问题简化为两个单 RGV 调度问题进行求解,因此存在一定的局限性。当两个区域内货架上物料的分布情况相差较大(堆垛机拣货时间相差较大)时,可能存在一辆 RGV 已完成了分配给它的所有物料的搬运作业,而另一辆 RGV 还尚未完成搬运作业的情况。因而,分区法得到的最佳解决方案并不必然是直线往复 2-RGV 调度问题的最佳解决方案。

本章研究两辆 RGV 均能往复行驶于直线轨道上,并可以服务于任一台出库输送机和出库站的一般直线往复 2-RGV 系统的调度问题。由于每辆 RGV 均能访问轨道沿线的所有输送机和出库站,两辆 RGV 在执行搬运作业的过程中行驶路线会发生重叠。在下文中将本章的研究问题称为 RGV 路线有重叠的直线往复 2-RGV 调度问题。两辆 RGV 均可以搬运任一件出库物料时,RGV 系统的搬运能力能够最大限度地得到发挥。然而,由于两辆 RGV 的行走路线有重叠区域,若调度不当,两辆 RGV 可能在轨道的任一点上发生碰撞,进而导致物料输送系统阻塞。如何对路线有重叠区的 2-RGV 系统进行冲突避免的优化调度是 AS/RS 急需要解决的问题。

从文献综述可知,当前研究直线往复 RGV 系统优化控制的文献主要采用调度规则或避让规则对 RGV 系统进行调度。采用调度规则能够很快得到一个可行的调度方案,但往往会产生额外的 RGV 等待时间或不必要的 RGV 往复行驶时间,然而并不能保证 RGV 系统效率最大化。截至目前还没有学者对于 2-RGV 冲突避免调度问题进行精确建模和求解。本章采用数学规划法对行驶路线有重叠的直线往复 2-RGV 调度问题进行建模和优化求解。相对于直线往复单 RGV 调度问题和路线无重叠区的直线往复 2-RGV 调度问题而言,本章研究的问题更为复杂,本研究采用启发式算法求解该问题。

5.2　问题描述与建模

本章研究的问题可描述如下:AS/RS 由 m 条巷道、m 个巷道堆垛机、两辆 RGV 和 N 个出库站组成。巷道从左至右平行排列,依次记为巷道 1,…,巷道 m,巷道 a 对应的出库输送机记为出库输送机 a。J_{aj} 代表存储在巷道 a 内的第 j 号物料。两辆 RGV 共用同一条直线轨道,每一辆 RGV 均可访问轨道沿线的任意出库输送机和出库站,当一件物料由巷道堆垛机卸载到相应的出库输送机时,任意一辆 RGV 都可以将其运输至任何一个出库站。考虑 RGV 的物理尺寸,两辆 RGV 不能相互越过,且应始终保持一定的安全距离。为了方便描述,记左边的 RGV 为 v_1,右边的 RGV 为 v_2。本研究的基本假设与前相同,具体参照 4.2.1。

5.2.1　参数和变量

模型中的变量定义如下:
m——巷道数;
N——出库站个数;
NUM——待出库物料总数;
n_a——巷道 a 内出库物料数量;
a,b——巷道编号,$a,b=1,\cdots,m$;

j,k——巷道内的物料编号，$j,k=1,\cdots,n_a$；

e——出库站编号，$e=1,\cdots,N$；

v——RGV 编号；

V——RGV 的平均速度；

P_a——输送机 a 的位置；

q_e——出库站的位置；

M——一个很大的实数；

θ——相邻两辆 RGV 之间的安全距离；

t_{ae}——RGV 从输送机 a 行驶到出库站 e 或者从出库站 e 行驶到输送机 a 所需要的时间；

u——RGV 装载/卸载物料所需的平均时间；

r_{aj}——巷道堆垛机拣取物料 J_{aj} 所需要的时间。

模型中的决策变量定义如下：

P_{aj}^s——穿梭车 v 开始运送 aj 时的位置；

P_{aj}^c——穿梭车 v 完成运送 aj 时的位置；

R_{aj}——运送 aj 的开始时间；

C_{aj}——运送 aj 的完成时间；

$C_{\max}$——所有运送中最晚完成运送的完成时间；

$$x_{aji}=\begin{cases}1 & \text{巷道 } a \text{ 内第 } i \text{ 次出库的物料是 } J_{aj}\\ 0 & \text{其他}\end{cases};$$

$$k_{aj}=\begin{cases}1 & \text{若物料 } J_{aj} \text{ 是最后一个到达出库站的物料}\\ 0 & \text{其他}\end{cases};$$

$$w_{aje}=\begin{cases}1 & \text{物料 } J_{aj} \text{ 被运输至出库口 } e\\ 0 & \text{其他}\end{cases};$$

$$z_{ajv}=\begin{cases}1 & \text{运送 } aj \text{ 由穿梭车 } v \text{ 来执行}\\ 0 & \text{其他}\end{cases}。$$

为了引入 RGV 冲突避免约束，需要引入以下变量，这些变量定义的条件为 $a,b=1,\cdots,m$；$j=1,\cdots,n_a$；$k=1,\cdots,n_b$；$a\neq b$ 或 $a=b,j\neq k$。

$$y_{aj,bk}^{ss}=\begin{cases}1 & \text{运送 } aj \text{ 的开始时间早于运送 } bk \text{ 的开始时间}\\ 0 & \text{其他}\end{cases};$$

$$y_{aj,bk}^{cc}=\begin{cases}1 & \text{运送 } aj \text{ 的完成时间早于运送 } bk \text{ 的完成时间}\\ 0 & \text{其他}\end{cases};$$

$$y_{aj,bk}^{sc}=\begin{cases}1 & \text{运送 } aj \text{ 的开始时间早于运送 } bk \text{ 的完成时间}\\ 0 & \text{其他}\end{cases};$$

$$y_{aj,bk}^{\mathrm{cs}} = \begin{cases} 1 & \text{运送 } aj \text{ 的完成时间早于运送 } bk \text{ 的开始时间} \\ 0 & \text{其他} \end{cases};$$

$$l_{aj,bk}^{\mathrm{ss}} = \begin{cases} 1 & \text{运送 } aj \text{ 的开始位置大于运送 } bk \text{ 的开始位置} \\ 0 & \text{其他} \end{cases};$$

$$l_{aj,bk}^{\mathrm{cc}} = \begin{cases} 1 & \text{运送 } aj \text{ 的完成位置大于运送 } bk \text{ 的完成位置} \\ 0 & \text{其他} \end{cases};$$

$$l_{aj,bk}^{\mathrm{sc}} = \begin{cases} 1 & \text{运送 } aj \text{ 的开始位置大于运送 } bk \text{ 的完成位置} \\ 0 & \text{其他} \end{cases};$$

$$l_{aj,bk}^{\mathrm{cs}} = \begin{cases} 1 & \text{运送 } aj \text{ 的完成位置大于运送 } bk \text{ 的开始位置} \\ 0 & \text{其他} \end{cases}。$$

5.2.2 目标函数

本章的目标是寻找一个无冲突的 RGV 调度,使物料出库时间最小。目标函数如下:

$$\text{Minimize} \sum_{a=1}^{m} \sum_{j=1}^{n_a} C_{aj} k_{aj} \tag{5-1}$$

5.2.3 约束条件

$$C_{aj} \leqslant C_{\max} \quad a=1,\cdots,m; \ j=1,\cdots,n_a \tag{5-2}$$

$$C_{\max} \leqslant C_{aj} + M(1-k_{aj}) \quad a=1,\cdots,m; \ j=1,\cdots,n_a \tag{5-3}$$

$$\sum_{a=1}^{m} \sum_{j=1}^{n_a} k_{aj} = 1 \tag{5-4}$$

$$R_{bk} - R_{aj} \leqslant M y_{aj,bk}^{\mathrm{ss}} \tag{5-5}$$

$$y_{aj,bk}^{\mathrm{ss}} + y_{bk,aj}^{\mathrm{ss}} = 1 \tag{5-6}$$

$$C_{bk} - C_{aj} \leqslant M y_{aj,bk}^{\mathrm{cc}} \tag{5-7}$$

$$y_{aj,bk}^{\mathrm{cc}} + y_{bk,aj}^{\mathrm{cc}} = 1 \tag{5-8}$$

$$C_{bk} - R_{aj} \geqslant M(y_{aj,bk}^{\mathrm{sc}} - 1) \tag{5-9}$$

$$R_{bk} - C_{aj} \geqslant M(y_{aj,bk}^{\mathrm{cs}} - 1) \tag{5-10}$$

$$y_{aj,bk}^{\mathrm{cs}} + y_{bk,aj}^{\mathrm{sc}} = 1 \tag{5-11}$$

$$P_{aj}^{\mathrm{s}} - P_{bk}^{\mathrm{s}} + M(1-l_{aj,bk}^{\mathrm{ss}}) \geqslant 0 \tag{5-12}$$

$$l_{aj,bk}^{\mathrm{ss}} + l_{bk,aj}^{\mathrm{ss}} = 1 \tag{5-13}$$

$$P_{aj}^{\mathrm{c}} - P_{bk}^{\mathrm{c}} + M(1-l_{aj,bk}^{\mathrm{cc}}) \geqslant 0 \tag{5-14}$$

$$l_{aj,bk}^{\mathrm{cc}} + l_{bk,aj}^{\mathrm{cc}} = 1 \tag{5-15}$$

$$P_{aj}^{\mathrm{s}} - P_{bk}^{\mathrm{c}} + M(1 - l_{aj,bk}^{\mathrm{sc}}) \geqslant 0 \tag{5-16}$$

$$P_{aj}^{\mathrm{c}} - P_{bk}^{\mathrm{s}} + M(1 - l_{aj,bk}^{\mathrm{cs}}) \geqslant 0 \tag{5-17}$$

$$l_{aj,bk}^{\mathrm{cs}} + l_{bk,aj}^{\mathrm{sc}} = 1 \tag{5-18}$$

$$\sum_{i=1}^{n_a} x_{aji} = 1 \quad a = 1, \cdots, m; \ j = 1, \cdots, n_a \tag{5-19}$$

$$\sum_{j=1}^{n_a} x_{aji} = 1 \quad a = 1, \cdots, m; \ i = 1, \cdots, n_a \tag{5-20}$$

$$R_{aj} \geqslant r_{aj} + M(x_{aj1} - 1) \quad a = 1, \cdots, m; \ j = 1, \cdots, n_a \tag{5-21}$$

$$R_{aj} \geqslant r_{aj} + R_{ah} + M(x_{aji} + x_{ah,i-1} - 2) \tag{5-22}$$

$$a = 1, \cdots, m; \ i, j, h = 1, \cdots, n_a; \ h \neq j$$

$$R_{aj} \geqslant r_{aj} + R_{ah} + M(x_{aji} + x_{ah,i-1} - 2) \tag{5-23}$$

$$a = 1, \cdots, m; \ i, j, h = 1, \cdots, n_a; \ h \neq j$$

$$\sum_{v=1}^{2} z_{ajv} = 1 \quad a = 1, \cdots, m; \ j = 1, \cdots, n_a \tag{5-24}$$

$$\sum_{e=1}^{N} w_{aje} = 1 \quad a = 1, \cdots, m; \ j = 1, \cdots, n_a \tag{5-25}$$

$$C_{aj} = R_{aj} + \sum_{e=1}^{N} t_{ae} w_{aje} + 2u \quad a = 1, \cdots, m; \ j = 1, \cdots, n_a \tag{5-26}$$

$$R_{bk} \geqslant R_{aj} + \sum_{e=1}^{N} t_{ae} w_{aje} + 2u + \sum_{e=1}^{N} t_{be} w_{aje} + M(z_{ajv} + z_{bkv} + y_{aj,bk}^{\mathrm{ss}} - 3) \tag{5-27}$$

$$a, b = 1, \cdots, m; \ j = 1, \cdots, n_a; \ k = 1, \cdots, n_b; \ v = 1, 2; \ \forall a = b, j \neq k \text{ 或 } a \neq b$$

$$C_{bk} \geqslant C_{aj} + \sum_{e=1}^{N} t_{be} w_{aje} + 2u + \sum_{e=1}^{N} t_{be} w_{bke} + M(z_{ajv} + z_{bkv} + y_{aj,bk}^{\mathrm{ss}} - 3) \tag{5-28}$$

$$a, b = 1, \cdots, m; \ j = 1, \cdots, n_a; \ k = 1, \cdots, n_b; \ v = 1, 2; \ \forall a = b, j \neq k \text{ 或 } a \neq b$$

$$P_{aj}^{\mathrm{s}} = P_a \quad a = 1, \cdots, m; \ j = 1, \cdots, n_a \tag{5-29}$$

$$P_{aj}^{\mathrm{c}} = \sum_{e=1}^{N} q_e w_{aje} \quad a = 1, \cdots, m; \ j = 1, \cdots, n_a \tag{5-30}$$

$$C_{aj} - R_{aj} = |P_{aj}^{\mathrm{c}} - P_{aj}^{\mathrm{s}}|/V + 2u \quad a = 1, \cdots, m; \ j = 1, \cdots, n_a \tag{5-31}$$

约束(5-2)保证了变量 $C_{\max}$ 的正确定义，即 $C_{\max}$ 是所有运送完成时间的最大值。约束(5-3)和(5-4)限制了只有当 $C_{\max} = C_{aj}$ 时，$k_{aj} = 1$；对于其他任意运送，其对应的 k_{aj} 取值为 0。变量 $y_{aj,bk}^{\mathrm{ss}}$，$y_{aj,bk}^{\mathrm{cc}}$，$y_{aj,bk}^{\mathrm{sc}}$ 和 $y_{aj,bk}^{\mathrm{cs}}$ 给出了不相同的两个 RGV 运送的开始时间和完成时间之间的先后顺序关系。约束(5-5)至约束(5-11)保

证了变量 $y^{\mathrm{ss}}_{aj,bk}$，$y^{\mathrm{cc}}_{aj,bk}$，$y^{\mathrm{sc}}_{aj,bk}$ 和 $y^{\mathrm{cs}}_{aj,bk}$ 的正确定义。由于每个 RGV 运送的完成位置未知，为了方便在冲突避免约束中表示运送 aj 和运送 bk 的开始位置和完成位置的大小关系，本章引入表示位置大小关系的变量 $l^{\mathrm{ss}}_{aj,bk}$，$l^{\mathrm{cc}}_{aj,bk}$，$l^{\mathrm{sc}}_{aj,bk}$ 和 $l^{\mathrm{cs}}_{aj,bk}$。这些变量分别给出了任意两个不相同的运送 aj 和运送 bk 的开始位置和完成位置之间的大小关系，约束(5-12)至约束(5-18)保证了变量 $l^{\mathrm{ss}}_{aj,bk}$，$l^{\mathrm{cc}}_{aj,bk}$，$l^{\mathrm{sc}}_{aj,bk}$ 和 $l^{\mathrm{cs}}_{aj,bk}$ 的正确定义。约束(5-19)至约束(5-23)给出了堆垛机作业顺序约束。约束(5-24)至约束(5-28)是对单辆 RGV 运送能力的约束，用以保证每辆 RGV 都能有足够的时间完成运送，并有足够的时间空行驶至下一个运送的开始位置。约束(5-29)和约束(5-31)对运送开始位置和完成位置进行了定义。

下面对两辆 RGV 的冲突避免约束进行分析。

如前所述，v_1 在 v_2 左侧，并且这两辆 RGV 往返行驶于同一条直线轨道上。若 v_1 的任一个运送的开始位置和完成位置都小于 v_2 的任一个运送的开始位置和完成位置，v_1 和 v_2 不会发生碰撞。但当两辆 RGV 在行驶时需要同时使用一段轨道或者同时访问某一个位置(出库输送机或出库站)时就可能发生碰撞。要得到一个可行调度，需要保证两辆 RGV 不会碰撞。由于两辆 RGV 不能相互越过，因此，在某一时刻，当 v_1 处于某一位置时，v_2 不能处于低于此位置的任何位置(也就是靠近出库输送机 1 的位置)。反之，在某一时刻，当 v_2 处于某一位置时，v_1 不能处于高于此位置的任何位置(靠近出库输送机 m 的位置)。此外，两辆 RGV 应始终保持一个安全距离。某时刻两辆 RGV 不可行区域的示意图如图 5-1 所示。

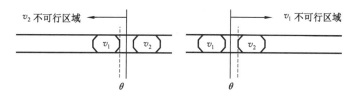

图 5-1　某时刻两辆 RGV 不可行区域的示意图

接下来，我们对可能发生 RGV 碰撞的情况进行分析讨论，并找出冲突避免的约束。以下所有约束成立的条件为 $a,b=1,\cdots,m$；$j=1,\cdots,n_a$；$k=1,\cdots,n_b$；$\forall a=b,j\neq k$ 或 $a\neq b$。

先假设运送 aj 由 v_1 执行，运送 bk 由 v_2 执行。通过上面的分析可知，若运送 aj 的开始位置或完成位置大于运送 bk 的开始位置和完成位置中的任一个时，v_1 和 v_2 在执行这两个运送时会共用一段轨道，此时，有可能发生碰撞。由于运送的完成位置未知，因此在此处使用变量 $l^{\mathrm{ss}}_{aj,bk}$，$l^{\mathrm{sc}}_{aj,bk}$，$l^{\mathrm{cs}}_{aj,bk}$ 和 $l^{\mathrm{cc}}_{aj,bk}$ 来表示两个运送的四个相关位置的大小关系。

（1）运送 aj 的开始位置大于运送 bk 的开始位置时

为了避免冲突，v_1 在 P_{aj}^s 处装载物料 J_{aj}，行驶过运送 bk 的开始位置 P_{bk}^s，后在行驶 θ 距离后，v_2 才能到达 P_{bk}^s 位置，运送 bk 的最早开始时间为 $R_{aj}+u+(P_{aj}^s-P_{bk}^s+\theta)/V$。因此，可以得到如下冲突避免约束：

$$R_{bk} \geqslant R_{aj}+u+(P_{aj}^s-P_{bk}^s+\theta)/V+(z_{aj1}+z_{bk2}+y_{aj,bk}^{ss}+l_{aj,bk}^{ss}-4)M$$

（5-32）

（2）运送 aj 的开始位置大于运送 bk 的完成位置时

为了避免 RGV 碰撞，v_1 在 P_{aj}^s 处装载物料 J_{aj}，驶过运送 bk 的完成位置 P_{bk}^c 后，继续行驶过 θ 距离后，v_2 才能携带 J_{bk} 到达 P_{bk}^c 位置准备卸载物料。因此，v_2 到达 P_{bk}^c 位置的最早时间为 $R_{aj}+u+(P_{aj}^s-P_{bk}^c+\theta)/V$，运送 bk 的最早完成时间为 $R_{aj}+2u+(P_{aj}^s-P_{bk}^c+\theta)/V$。由此，下面的冲突避免约束成立：

$$C_{bk} \geqslant R_{aj}+2u+(P_{aj}^s-P_{bk}^c+\theta)/V+(z_{aj1}+z_{bk2}+y_{aj,bk}^{sc}+l_{aj,bk}^{sc}-4)M$$

（5-33）

（3）运送 aj 的完成位置大于运送 bk 的开始位置时

为了避免碰撞，v_1 完成运送 aj 后空行驶过运送 bk 的开始位置 P_{bk}^s 及一个安全距离 θ 后，v_2 才能达到 P_{bk}^s 位置，则运送 bk 的最早开始时间为 $C_{aj}+(P_{aj}^c-P_{bk}^s+\theta)/V$，由此得出下面的冲突避免约束：

$$R_{bk} \geqslant C_{aj}+(P_{aj}^c-P_{bk}^s+\theta)/V+(z_{aj1}+z_{bk2}+y_{aj,bk}^{cs}+l_{aj,bk}^{cs}-4)M$$

（5-34）

（4）运送 aj 的完成位置大于运送 bk 的完成位置时

在 v_1 完成运送 aj 后空行驶过运送 bk 的完成位置 P_{bk}^c 及一个安全距离 θ 后 v_2 再达到 P_{bk}^c 位置时，不会发生 RGV 碰撞。v_2 到达 P_{bk}^c 位置的最早时间为 $C_{aj}+(P_{aj}^c-P_{bk}^c+\theta)/V$，而运送 bk 的最早完成时间为 $C_{aj}+u+(P_{aj}^c-P_{bk}^c+\theta)/V$。于是，以下的冲突避免约束成立：

$$C_{bk} \geqslant C_{aj}+u+(P_{aj}^c-P_{bk}^c+\theta)/V+(z_{aj1}+z_{bk2}+y_{aj,bk}^{cc}+l_{aj,bk}^{cc}-4)M$$

（5-35）

现在假设运送 aj 由 v_2 执行，运送 bk 由 v_1 执行。同理可知，若运送 aj 的开始位置或完成位置小于运送 bk 的开始位置和完成位置中的任一个时，v_1 和 v_2 会共用一段轨道，此时有可能发生碰撞。类似地，下面对可能存在冲突的四种情况进行分析。

（5）运送 aj 的开始位置小于运送 bk 的开始位置时

当 v_2 在运送 aj 的开始位置 P_{aj}^s 装载完物料 J_{aj} 后，行驶经过运送 bk 的开始

位置 P_{bk}^s 及 θ 距离后，v_1 才到达 P_{bk}^s 位置时，不会发生碰撞。即运送 bk 的最早开始时间为 $R_{aj}+u+(P_{bk}^s-P_{aj}^s+\theta)/V$。由此，以下的冲突避免约束成立：

$$R_{bk}\geqslant R_{aj}+u+(P_{bk}^s-P_{aj}^s+\theta)/V+(z_{aj2}+z_{bk1}+y_{aj,bk}^{ss}+l_{bk,aj}^{ss}-4)M$$

$$(5\text{-}36)$$

（6）运送 aj 的开始位置小于运送 bk 的完成位置时

为了避免冲突，v_2 在运送 aj 的开始位置 P_{aj}^s 装载完物料 J_{aj} 后，行驶经过运送 bk 的完成位置 P_{bk}^c，并继续行驶 θ 距离后，v_1 才能到达 P_{bk}^c 位置进行物料卸载，因此，v_1 到达 P_{bk}^c 位置的最早时间为 $R_{aj}+u+(P_{bk}^c-P_{aj}^s+\theta)/V$，运送 bk 的最早完成时间为 $R_{aj}+2u+(P_{bk}^c-P_{aj}^s+\theta)/V$，由此得到以下约束：

$$C_{bk}\geqslant R_{aj}+2u+(P_{bk}^c-P_{aj}^s+\theta)/V+(z_{aj2}+z_{bk1}+y_{aj,bk}^{sc}+l_{bk,aj}^{cs}-4)M$$

$$(5\text{-}37)$$

（7）运送 aj 的完成位置小于运送 bk 的开始位置时

为了避免冲突，v_2 在完成运送 aj 后，空行驶经过运送 bk 的开始位置 P_{bk}^s，再继续行驶一个安全距离 θ 后，v_1 才能到达运送 bk 的开始位置开始装载物料。因此，v_1 能够开始运送 bk 的最早时间为 $C_{aj}+(P_{bk}^s-P_{aj}^c+\theta)/V$。因此，得到如下的冲突避免约束：

$$R_{bk}\geqslant C_{aj}+(P_{bk}^s-P_{aj}^c+\theta)/V+(z_{aj2}+z_{bk1}+y_{aj,bk}^{cs}+l_{bk,aj}^{sc}-4)M$$

$$(5\text{-}38)$$

（8）运送 aj 的完成位置小于运送 bk 的完成位置时

为了不发生冲突，只有当 v_2 完成运送 aj 并空行驶经过运送 bk 的完成位置 P_{bk}^c 及一个安全距离 θ 后，v_1 才能到达 P_{bk}^c 位置。即 v_1 能够到达 P_{bk}^c 位置的最早时间为 $C_{aj}+(P_{bk}^c-P_{aj}^c+\theta)/V$，运送 bk 的最早完成时间为 $C_{aj}+u+(P_{bk}^c-P_{aj}^c+\theta)/V$，由此得到以下的冲突避免约束：

$$C_{bk}\geqslant C_{aj}+u+(P_{bk}^c-P_{aj}^c+\theta)/V+(z_{aj2}+z_{bk1}+y_{aj,bk}^{cc}+l_{bk,aj}^{cc}-4)M$$

$$(5\text{-}39)$$

对于分别由 v_1 和 v_2 执行的任意两个不同的运送 aj 和 bk，当运送 aj 的开始位置或完成位置大于运送 bk 的开始位置和完成位置中的任一个时，v_1 和 v_2 会共用一段轨道。换句话说，当两个运送的运输路线发生重叠时，运送 aj 的 P_{aj}^s 和 P_{aj}^c 与运送 bk 的 P_{bk}^s 与 P_{bk}^c 必然满足 $\{P_{bk}^s\leqslant P_{aj}^s,P_{bk}^s\leqslant P_{aj}^c,P_{bk}^c\leqslant P_{aj}^s,P_{bk}^c\leqslant P_{aj}^c\}$ 中的一个或多个，则只要同时满足与这些位置大小关系对应的一个或多个约束就可以避免两车的碰撞。例如，当两个运送的开始位置和完成位置有如下关系 $P_{bk}^s\leqslant P_{aj}^s\leqslant P_{aj}^c\leqslant P_{bk}^c$（如图 5-2 所示，其中实线表示 RGV 载货行驶，虚线表示 RGV 空行驶，数字表示两辆 RGV 动作的顺序）时，运送 aj 由 v_1 执行，运送

bk 由 v_2 执行,同时存在 $P_{bk}^s \leqslant P_{aj}^s$ 和 $P_{bk}^s \leqslant P_{aj}^c$ 两种分布,仅满足约束 $P_{bk}^s \leqslant P_{aj}^s$ 对应的约束(5-32)时,运送 bk 的最早开始时间为 $R_{aj} + u + (P_{aj}^s - P_{bk}^s + \theta)/V$。由于运送 aj 的完成位置 P_{aj}^c 也大于运送 bk 的开始位置 P_{bk}^s,v_1 必须完成运送 aj 后,才能回到位置 P_{bk}^s 的左侧,因此,当 $R_{bk} = R_{aj} + u + (P_{aj}^s - P_{bk}^s + \theta)/V$ 时依然会产生碰撞。只有同时满足 $R_{bk} \geqslant C_{aj} + (P_{aj}^c - P_{bk}^s + \theta)/V$,即同时满足 $P_{bk}^s \leqslant P_{aj}^c$ 对应的约束(5-34)才不会产生冲突。此外,也可看出,当 $P_{bk}^s \leqslant P_{aj}^s \leqslant P_{aj}^c \leqslant P_{bk}^s$,运送开始时间满足 $P_{bk}^s \leqslant P_{aj}^c$ 对应的冲突避免约束时,其必然同时满足 $P_{bk}^s \leqslant P_{aj}^s$ 对应的冲突避免约束。图 5-2 的 RGV 动作标号也给出了一个可行的运送顺序。其他所有可能产生碰撞的情况都可以进行类似分析,在此不再赘述。

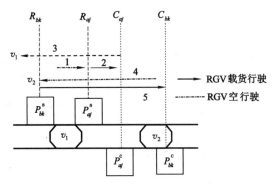

图 5-2　$P_{bk}^s \leqslant P_{aj}^s \leqslant P_{aj}^c \leqslant P_{bk}^s$ 时的运送示意图

　　上面考虑的 8 种不同情况下的冲突避免约束中都令执行运送 aj 的 RGV 先开始运送或先完成运送,而执行运送 bk 的 RGV 后行动(开始运送或完成运送)。现在考虑令执行运送 bk 的 RGV 先开始运送或先完成运送时,对应以上 8 种不同条件的情况。不难发现,当 v_1 执行运送 aj,v_2 执行运送 bk,且执行运送 bk 的 v_2 先行动时,得到的约束与 v_1 执行运送 bk,v_2 执行运送 aj,且执行运送 aj 的 v_2 先行动时得到的约束是起相同作用的,相当于在约束(5-36)~(5-39)中将 aj 与 bk 互换。类似地,对于后四种情况,当执行运送 bk 的 v_2 先行动时,得到的约束与约束(5-32)~(5-35)起相同的作用。因此,可以认为本章提出的冲突避免约束(5-32)~(5-39)已经包含了可能发生两辆 RGV 碰撞的所有情况。

5.3　求解算法及下界

5.3.1　混合遗传禁忌搜索算法

不难看出,不论从问题的复杂程度还是模型的构造上来看,行驶路线有重叠的直线往复 2-RGV 调度问题比第 3 章及第 4 章所研究的问题都复杂,在理论上极大可能是 NP 难题。这类问题一般只能采用启发式算法进行求解。鉴于遗传算法具有优良的全局搜索能力,在求解组合优化问题时表现优良,本节采用遗传算法对问题进行求解。

虽然遗传算法具有很强的全局搜索能力,已经被证实能够有效求解组合优化问题[129],但是遗传算法也存在缺陷,比如爬山能力较差,往往难以达到局部最优等。为了提高遗传算法的性能,很多学者在应用中将遗传算法与一些在局部搜索上表现良好的算法(如邻域搜索算法、禁忌搜索算法、爬山算法和模拟退火算法等)结合使用。禁忌搜索算法由 Glover[165] 于 1986 年提出,是全局逐步寻优的邻域搜索算法,具有较强的局部搜索能力。禁忌搜索算法是从一个初始解出发开始搜索,其求解效率依赖于初始解。将禁忌搜索算法与遗传算法相结合,能够在一定程度上克服两者的缺陷和不足。当前有很多研究文献将遗传算法和禁忌搜索算法进行结合。Glover 等[166] 探讨了遗传算法和禁忌搜索算法组合的可能性。Thamilselvan 等[167] 利用遗传算法的搜索机理,并用禁忌搜索算法来改进遗传算法的局部搜索能力。李大卫等[168]、竺长安等[169] 将禁忌搜索算法作为遗传算法的变异算子引入到遗传算法中,通过算例试验验证了混合算法的有效性。Meeran 等[170] 提出了一种遗传禁忌搜索混合算法求解车间作业排序问题,先用遗传算法对初始种群进行迭代搜索寻优,再用禁忌搜索算法对新种群的个体进行改进。算例试验显示,遗传禁忌搜索算法具有很好的计算性能。董建华等[171]、任传祥等[172]、王晓博等[173] 用禁忌搜索算法对遗传算法每次迭代产生的部分新个体进行局部改进。

本节将禁忌搜索算法与遗传算法相结合,充分结合两个算法在全局搜索和邻域搜索方面的优势,形成一个混合遗传禁忌搜索算法。采用遗传算法的框架,将禁忌搜索算法作为遗传算法的局部改进算法。鉴于普通遗传算法容易早收敛,而对遗传算法的新种群中每个个体都进行局部改进又会消耗大量时间,本节是在遗传算法连续迭代一定代数且最优适应值未改变时调用禁忌搜索算法对子代种群中最优的部分精英个体进行局部改进,之后继续迭代。本节的混合遗传禁忌搜索(GATS)算法中所用的交叉概率和变异概率的计算方式同第 4

章。下面详细介绍混合遗传禁忌搜索算法的主要内容。

（1）染色体编码

本节所使用的染色体编码方式与第 4 章类似,是基于 RGV 运送顺序的染色体编码方式,染色体由三部分信息构成:运送编码、该运送所分配的 RGV 及该运送所分配的出库站。每条染色体的长度和出库物料总数相同,染色体中每个基因表示一个运送,染色体中表示运送的部分采用自然数编码,是随机生成的。根据本章所研究问题的特征,提出了由 RGV 分配策略和出库站分配策略组成的可行解构造算法,以确定染色体中每个基因所包含的 RGV 信息和出库站信息。最终,每条染色体都代表原问题的一个可行序列,基因和染色体的表示方式详见图 4-3 和图 4-4。下面给出 RGV 分配策略和出库站分配策略。

① RGV 分配策略

在对 RGV 进行分配时,主要目的是提高 RGV 系统的搬运效率。当两辆 RGV 可以服于所有出库输送机和出库站时,虽然较易平衡两辆 RGV 的运量和使用率,但产生碰撞的概率也最高,且容易产生 RGV 长距离频繁往返于轨道上搬运物料的情况(如一种极端的 RGV 长距离往返行驶的情况为右侧的 RGV 搬运完巷道 m 上的物料后,紧接着需要搬运巷道 1 内的出库物料)。为了综合考虑运量平衡、避免碰撞和长距离往返行驶的问题,本节的 RGV 分配策略的主要思想如下:将所有巷道按照一定规则分为 3 个区域,其中靠近出库输送机 1 的区域作为区域 1,该区域内的所有运送均分配给 v_1,靠近出库输送机 m 的区域作为区域 3,其中的所有运送全部分配给 v_2,剩余区域为区域 2,区域 2 内的出库物料可以分配给 v_1,也可以分配给 v_2。这种将生产区域分为三段来减少碰撞的方法最早出现于双抓钩周期性调度问题中。RGV 分配策略一方面能够减少 RGV 相互碰撞的概率和避免 RGV 长距离往返行驶搬运物料,另一方面能够合理地对两辆 RGV 运量进行均衡控制。在均衡 RGV 运输量时需要结合具体算例的具体数据来确定区域划分临界点。

为了均衡两个区域的运量,从巷道 1 开始向右逐个叠加巷道内的物料数,至物料总数至少为 NUM/3 时停止,则这些物料属于区域 1 内的物料;从巷道 m 开始向左逐个叠加巷道内的物料数,直至物料数至少为 NUM/3 时停止,则这些物料都归于区域 3;剩余物料属于区域 2。通过这种方法划分区域可能存在同一巷道同时属于两个区域的情况,此时只需要在计算运送时间时避开两辆 RGV 同时访问该巷道对应的出库输送机即可避免碰撞。图 5-3 给出了一种区域划分的示意图。其中,出库站 i 左侧的存取区域为区域 1,该区域内的物料只能被左侧的 RGV 搬运至出库站 1 至出库站 i 之间的左右出库站;出库站 $i+1$ 到出库站 $j-1$ 之间的存取区域为区域 2,其中的物料可以由两辆 RGV 中的任意一辆搬运至出库站 $i+1$ 至出库站 $j-1$ 之间所有出库站;出库站 j 与出库站 N 之间的存取区域为区域3,物料只能由右侧的 RGV 搬运,且只能被运输到出库站 j 至 N 之间的所有出库站。

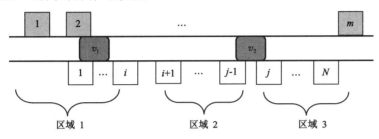

图 5-3　区域划分示意图

在确定三个区域的分界点后,对任意的染色体,RGV 分配策略的实施过程具体描述如下:

第1步:初始化,令 $i=1, a=0, j=0, z_{aj1}=0, z_{aj2}=0, k=2, v_{1\text{size}}=0, v_{2\text{size}}=0$;

第2步:解码基因 $g[i]$,得出基因 $g[i]$ 对应的运送的参数 a 和参数 j 的值;

第3步:若运送 aj 所在巷道 a 属于区域1,则令 $z_{aj1}=1, z_{aj2}=0, v_{1\text{size}}=v_{1\text{size}}+1$,并转至第6步;

第4步:若运送 aj 所在巷道 a 属于区域3,则令 $z_{aj1}=0, z_{aj2}=1, v_{2\text{size}}=v_{2\text{size}}+1$,并转至第6步;

第5步:若运送 aj 所在巷道 a 属于区域2,则令 $z_{aj1}=\text{RandInt}(0,1), z_{aj2}=1-z_{aj1}, v_{1\text{size}}=v_{1\text{size}}+z_{aj1}, v_{2\text{size}}=v_{2\text{size}}+z_{aj2}$,并转至第6步;

第6步:若 $i<\text{NUM}$, $i=i+1$,转至第2步;否则,转第7步;

第7步:$k=|v_{1\text{size}}-v_{2\text{size}}|$,若 $k>1$,令 $v_{1\text{size}}=0, v_{2\text{size}}=0$ 转第2步,否则,停止。

从 RGV 的分配策略的实施过程可以看到分配后两辆 RGV 的运量的最大差额的值仅可能为1,可以认为两辆 RGV 的运量得到了最大化的平衡。结合出库站分配策略可知,任意一条染色体都可以转化为原问题的一个可行序列,只需要分别计算每辆 RGV 的每个运送的开始时间就可以得到原问题的一个可行解。

② 出库站分配策略

在确定好三个区域的分界点以后,依照贪婪策略,选距物料所在巷道最近的出库站作为该物料所对应的出库站。

在确定每条染色体所包含的运送序列、该运送所分配的 RGV 及该运送所对应的出库站后,一条染色体就代表了原问题的一个可行序列。

(2) 初始种群的生成

本章的初始种群随机生成,即初始种群里的每条染色体中代表运送序列的部分都随机生成,代表执行运送的 RGV 和运送所对应的出库站的部分由上面介绍的分配策略确定。

本章的目标函数是最小化所有物料的总出库时间,因此,适应值函数的计算方式如下:计算每一代中每个个体对应问题的目标函数值,记为 C_{max},找出其中最大值,记为 MC,每个个体的适应值函数可表示为 Fitness$=$MC$-C_{max}$。

(3) 遗传算子的设计

① 选择操作

本节采用锦标赛选择策略,随机选择种群规模的 1/10 个染色体,从中选取适应值最大的个体作为一个父代染色体。依此方法再选出与已选父代染色体不相同的染色体作为另一个父代染色体。

② 交叉和变异操作

交叉概率按式(4-53)计算而来。采用两点交叉策略进行交叉。每次随机生成两个不同的基因位,交换两个染色体上对应的基因段,并调整两条染色体的其余基因段中发生重复的基因。

变异概率按式(4-54)计算而来。随机产生一个小于 1 的随机数,若该随机数小于变异概率,进行变异操作。本节同时采用了反转变异和两点交换变异。当随机数同时小于变异概率和预设小数 δ 时,采用两点交换变异;当随机数大于 δ 小于变异概率时,采用反转变异。

(4) 禁忌搜索改进算法

本节将遗传算法与禁忌搜索算法相结合,应用禁忌搜索算法对遗传算法产生的较优个体进行改进,形成混合遗传禁忌搜索算法,具体的改进策略是:在遗传算法连续迭代一定代数而最优适应值趋于稳定,则调用禁忌搜索算法对该种群最优的部分个体进行改进,并形成新一代的种群。禁忌搜索算法的详细内容及实施步骤与 4.4.1 节基本相同。

(5) 出库站调整策略

由于通常出库站的数量少于巷道数量,且物料出库时,RGV 都需要在数量有限的出库站位置停靠一段时间,因此重叠区内的出库站,尤其是与出库输送机坐标相同的出库站成为关键资源。为了减少两辆 RGV 碰撞的可能性以及 RGV 为避免碰撞所产生的额外等待时间,应尽量减少 RGV 在重叠区域内出库站上的停留时间。对每一个可行序列应用进行出库站调整能够在一定程度上减少 RGV 在重叠区内出库站的停留时间。此外,由于对一个出库序列进行出库站调整是对同一辆 RGV 的任意两个相邻运送进行调整,对个体进行出库站改进后,再经过交叉、变异等操作,为了避免可能产生碰撞,该个体会失去通过出库站调整所获得的优势,因而,出库站调整策略只应用于禁忌搜索算法局部改进后的最优个体。采用出库站调整策略对个体进行改进后,用其替换种群中适应值最低的个体。出库站调整策略的应用步骤如下:

```
Procedure:出库站调整
Begin
    找到种群中最优的个体;
    for (i=1;i<NUM;i++)
        for (j=i+1;j<=NUM;j++)
        do
        记 i 当前分配的出库站为 e1;j 所分配的出库站为 e2;
            if 物料 i 和物料分配给同一辆 RGV && e1!=e2;
            do
                找到一个出库站 e,使其同时满足 e!=e1 && 从物料 i 到 e 再从
                e 到物料 j 位置的 RGV 行驶时间不大于从物料 i 到 e1,再从
                e1 到物料 j;
                令 e1=e;
                break;
            end
        end
    end
    计算当前个体的适应值;
    if 调整出库站后的个体适应值大于调整前;
    do
        用调整后的个体替换当前种群中最差的个体;
    end
end
```

当进化到指定代数或进化了连续一定代数最优适应值趋于稳定时,混合遗传禁忌搜索算法终止。

(6) 算法的实施步骤

混合遗传禁忌搜索算法的实施步骤如下:

第 1 步:初始化。对混合遗传算法的种群数量、精英数量、最大迭代次数和

最优适应值连续未改进次数等参数进行初始化。

第 2 步:创建初始种群。随机生成染色体中代表运送序列的部分,依据 RGV 及出库站分配策略确定染色体中代表 RGV 分配和出库站分配的部分,并将初始种群记为当前种群。

第 3 步:计算种群中个体的适应值,使用精英保留策略保留指定数量的染色体到下一代中。

第 4 步:选择两个父辈染色体进行交叉操作,产生两个新的染色体,依照一定概率进行变异操作,得到两个子代染色体。重复第 4 步直至子代染色体数量达到种群数量。

第 5 步:是否满足停止准则。若是,则停止计算,并输出结果。若否,转第 6 步。

第 6 步:判断遗传算法最优适应值是否连续几代未更新,若是,则转第 7 步;若否,转第 3 步。

第 7 步:对子代种群中的个体按照适应值递减的方式进行排序,应用禁忌搜索算法对种群中最优的个别个体进行改进,再对改进后的最优个体进行出库站调整。判断总迭代次数是否达到预设值,若是,转第 5 步;若否,转第 3 步。

(7) 算法的复杂度分析

同样,出库站数为 N、记巷道数为 m、出库物料总数记为 NUM,种群规模为 popu,总迭代次数为 sumgen。

读入数据、编码和产生初始种群所需的复杂度为:$O(\text{popu} * \text{NUM}^2)$。

在计算时,每一代都需要计算个体适应值、选择、交叉、变异、对最优个别个体使用禁忌搜索算法改进和针对最优个体进行基于出库站调整的改进。这些步骤所需的复杂度分别为:

计算适应值的复杂度:$O(\text{popu} * \text{NUM}^2)$;

精英保留策略:$O(\text{popu}^2)$;

选择操作的复杂度:$O(\text{popu})$;

交叉操作的复杂度:$O(\text{popu} + \text{NUM}^2)$;

变异操作的复杂度:$O(\text{popu} + \text{NUM})$;

冒泡排序算法的复杂度:$O(\text{NUM}^2)$;

禁忌搜索算法的复杂度:$O(\text{NUM}^2)$;

出库站调整改进操作的复杂度为:$O(\text{NUM}^3)$。

综上可知,混合遗传禁忌搜索算法总的复杂度为:

$$O(\text{popu} * \text{NUM}^2 + \text{sumgen} * (\text{popu} * \text{NUM}^2 + \text{NUM}^2 + \text{popu} * (\text{popu} + \text{popu} + \text{NUM}^2 + \text{popu} + \text{NUM}) + \text{popu} + \text{NUM}^2 + \text{NUM}^3))$$

$$= O(\text{sumgen} * (\text{popu} * \text{NUM}^2 + \text{popu}^2 + \text{NUM}^3))$$

从计算时间复杂度分析可知,遗传算法的复杂度主要和出库物料总数的立方、迭代次数以及种群规模的平方成正比。当仅考虑问题规模时,算法的复杂度为 $O(\text{NUM}^3)$。

5.3.2　问题的下界

本章研究了自动化立体仓库中的 2-RGV 调度问题,其中两辆 RGV 可以服务于所有出库输送机和出库站,目标是最小化物料的总出库时间。为了衡量本章提出的 GATS 算法的有效性,给出该问题的一个下界。

$$\text{LB} = \sum_{a=1}^{m} [n_a \times (u + \tau_a)] + \frac{r' + r''}{2} - \tau \tag{5-40}$$

式中, $\tau_a = \min\{t_{ae}, e = 1, \cdots, N\}$; $\tau = \max\{\tau_a, a = 1, \cdots, m\}$; r' 和 r'' 是所有 r_{aj} 中取值最小的两个数。

为了说明式(5-40)所给出的 LB 是本章所研究的行驶路线有重叠的 2-RGV 调度问题的下界,下面分两部分对 LB 进行说明:

(1) 从 RGV 的动作进行分析。除第一个运送外,RGV 为了完成一个运送,每次都需要从某个出库站出发,空行驶到该物料所在的出库输送机位置,用时长为 u 秒的时间对物料进行装载,最后将物料运输到一个出库站,再用时长为 u 秒的时间卸载物料。

首先,由于 RGV 无论从任何一个出库站出发取货,或 RGV 将物料运输到任何一个出库站,在 RGV 完成一次运送的过程中,能保证 RGV 行驶距离最短的情况为:RGV 始终从距物料所在出库输送机位置最近的出库站出发并将物料运输至该出库站。因而,通过假设 RGV 总是从距物料所在出库输送机最近的出库站出发,并总将物料运输至该出库站,能够得到 RGV 执行一个运送所需的最短行驶时间。若记 RGV 从该出库站到物料所在出库输送机的行驶时间为 τ_a,则 RGV 完成所有运送所需的最短时间为 $2\sum_{a=1}^{m} [n_a \times (u + \tau_a)]$。

其次,考虑本章假设在 0 时刻,RGV 可以在轨道上的任意位置,则可认为 0 时刻 RGV 总在其第一个运送的开始位置等待堆垛机完成拣货。因此,需要从上式中减去一个出库站到出库输送机的单程行驶时间,即减掉一个 $\tau_a, a = 1, \cdots, m$。对于每辆 RGV 来说,通过减去其中最大的一个 τ_a(记为 τ),则两辆 RGV 执行所有运送所需的时间不小于 $2\sum_{a=1}^{m} [n_a \times (u + \tau_a)] - 2\tau$。

(2) 从出库过程中堆垛机的动作进行分析。堆垛机完成一次拣货任务后,

RGV 才能开始对应的运送,即 RGV 的第一个运送的最早开始时间不小于堆垛机拣取物料所需的最小时间。若用 r' 和 r'' 表示所有待出库物料的堆垛机拣货时间中取值最小的两个值,则两辆 RGV 的第一个运送的最早开始时间分别不早于 r' 和 r''。此外,若堆垛机没有完成一次取货,而 RGV 需要开始该物料的运输作业,则 RGV 需要等待一段时间才能开始该运送。若忽略这个可能存在的等待时间,则对 RGV 来说,只在开始第一个运送时需要等待 r' 的时间,开始其他所有的运送都不需要任何等待,随时可以开始运送。对于两辆 RGV 来说,执行所有运送所产生的等待时间为 $r'+r''$。结合两辆 RGV 执行所有运送所需要的时间可知,对于两辆 RGV 来说,完成所有运送所需要的总时间必然不小于

$2\sum_{a=1}^{m}[n_a\times(u+\tau_a)]-2\tau+r'+r''$。由于两辆 RGV 是同时进行作业的,也就是说,

所有物料的总出库时间必然不小于 $\sum_{a=1}^{m}[n_a\times(u+\tau_a)]-\tau+\dfrac{r'+r''}{2}$,即式(5-40)

所给出的 LB。

5.4 数值试验

本章采用第 4 章设计的 34 组算例来检验本章提出的 GATS 算法的性能。所有算例对应的混合整数规模模型均由 CPLEX12.5 进行求解。由于问题较为复杂,变量约束较多,因此,CPLEX 并不能在 24 h 内求出全部算例的最优解,为了评价 GATS 算法对这些算例的计算效果,本章同时选择 TS 算法和第 4 章提出的 HGA 对所有算例进行求解,TS 算法的初始解是由本章提出的解的表示和构造方式构造而成,实施步骤与第 4 章 TS 算法的相同。HGA 的编码方式、可行解构造方式与本章 GATS 算法的对应内容相同,实施步骤与第 4 章的HGA 实施步骤相同。

此外,鉴于目前研究文献和实际操作中主要使用调度规则对 RGV 进行调度,因此,本章分别采用了最小使用频率规则(least utilized vehicle rule,简称LUVR)和就近分派规则(nearest vehicle rule,简称 NVR)对 RGV 进行分配,物料出库的调度策略为 FCFS,对每个算例进行计算,并将结果与 GATS 算法和CPLEX 的计算结果进行对比分析。禁忌搜索算法、混合遗传算法、LUVR、NVR和混合遗传禁忌搜索算法均由 C++程序语言编写,所有计算均在 3.10 GHz、4 GB RAM 的计算机上进行。

5.4.1 参数设置

算例试验所用的 34 组算例的参数设置详见表 4-1。虽然本章的模型更为复杂,但本章研究的依然是 2-RGV 优化调度问题,且算例与第 4 章所使用的算例一样,因此,TS 算法和 HGA 的参数设置与第 4 章参数设置相同,详见表 4-2 和表 4-3。GATS 算法求解每个算例的迭代次数、种群大小和精英数量均与第 4 章中 HGA 的参数设置相同。GATS 算法求解中等规模、小规模算例的稳定迭代次数与第 4 章中 HGA 对应的参数设置相同,求解大规模算例的稳定代数设为 HGA 对应参数值的 1/2。由于解的构造及求解均较路线无重叠的 2-RGV 调度问题更为复杂,相对而言,要求得大规模算例质量较好的解,需要花费更多时间。为了平衡求解时间和求解精度,在多次计算试验的基础上,前 4 个大规模算例设定的停止准则:迭代到最大迭代次数,或连续一定代数最优目标函数值改进总和小于 8;中间 3 个算例的停止准则:迭代到最大迭代次数,或连续一定代数最优目标函数值改进总和小于 20;最后 4 个算例的停止准则:迭代到最大迭代次数,或连续一定代数最优目标函数值改进总和小于 35。GATS 算法求解所有小规模算例时,连续 5 代最优适应值无改进,求解中等规模算例时,连续 6 代最优适应值无改进,求解大规模算例时,连续 10 代最优目标函数改进总和小于 6,调用 TS 算法对精英个体中较优个体进行改进。经过多次计算试验,根据算例规模确定了遗传算法中嵌套的禁忌搜索算法的参数,详见表 5-1。

表 5-1　GATS 算法中的 TS 算法参数设置

参数	取值
总迭代次数	15,18,20,26,26,30,40,50,60,60,80,100,100,125,130,130,150,150,150, 170,170,180,200,220,240,250,260,300,330,330,400,400,400,500
搜索最佳候选解的次数	2,2,3,3,5,5,7,10,13,15,16,20,20,23,23,23,26,26,26,30,30,32,33,35, 40,50,60,65,80,100,150,170,180,200
候选解个数	1,1,2,2,3,3,5,6,8,10,10,10,10,12,13,13,15,15,16,16,18,18,20,20,23, 26,30,33,40,50,55,60,65,80
禁忌表长度	2,3,3,3,4,4,4,4,5,5,5,6,6,6,6,7,7,7,7,7,8,8,9,10,12,14,15,17, 18,20,21,22

5.4.2　基于调度规则的方法

基于调度规则的方法能够快速地得到一个可行的调度方案,因此在 RGV

系统调度中应用比较广泛。本章选用就近分派规则和最小使用频率规则两种调度方法作为 RGV 分派规则,物料的出库顺序为 FCFS 策略,即先到出库输送机的物料先出库。FCFS 规则的实施办法与第 3 章相同,详见 3.5.2。在采用 NVR 和 LUVR 对 RGV 进行分派的过程中,在计算每个运送的开始时间和完成时间时都按照本章提出的冲突避免约束进行计算。每个物料会被 RGV 搬运至距其所在出库输送机最近的出库站出库。下面详细介绍 NVR 和 LUVR 两种调度规则的具体实施过程。

(1) NVR

基于就近分派规则的 RGV 调度策略每次都将当前要出库的物料分配给离其所在出库输送机最近的 RGV 来搬运。具体的实施步骤如下:

第 1 步:初始化参数。根据 FCFS 原则对每个巷道内待出库物料随机进行排序。初始化各项参数,用数组 $RGV[nv+1][NUM+1]$ 来保存运送执行时两辆 RGV 所在的位置。初始化 $RGV[1][NUM+1]$ 的初始值为 1 号出库输送机位置,$RGV[2][NUM+1]$ 的初始值为 m 号出库输送机位置;计算每条巷道当前第一个出库物料到达出库输送机的时间,形成初始 FCFS 序列,选取到达出库输送机最早的物料作为第一个待出库物料,指定第一辆 RGV 执行第一个运送,令 $i=1$。

第 2 步:计算当前运送的开始时间和完成时间,并根据冲突避免约束确定另一辆 RGV 在该运送执行期间的位置,计算运送完成时间,更新每个运送完成时 $RGV[1][i]$ 和 $RGV[2][i]$ 的值。计算运送完成时的总出库时间 C_{max}。对于 $i \leqslant NUM$,若否,转第 3 步;若是,则转第 4 步。

第 3 步:更新 FCFS 序列,选出待出库物料,令 $i=i+1$。若该物料为第二个出库物料,则指定穿梭车 2 来执行;否则,选取距离该物料所在出库输送机最近的 RGV 执行该运送。转第 2 步。

第 4 步:计算结束,输出 C_{max} 和出库序列。

(2) LUVR

基于最小使用频率的 RGV 调度规则,每次都将当前需要搬运的物料分派给使用频率较小的 RGV。具体的实施步骤如下:

第 1 步:初始化参数。形成初始 FCFS 序列,根据 FCFS 规则选取当前出库物料。

第 2 步:根据本章的冲突避免约束计算当前运送的开始时间和完成时间,更新两辆 RGV 的使用频率和每辆 RGV 当前所在位置,并计算运送完时的总出库时间 C_{max};若还有物料未出库,转第 3 步;否则,转第 4 步。

第 3 步:更新 FCFS 序列,选取当前库物料,并选取使用频率较低的 RGV 对该物料进行搬运。转第 2 步。

第 4 步:计算结束,输出总出库时间 $C_{\max}$ 和物料的出库顺序。

5.4.3 计算结果分析

下面分三部分来评价本章提出的 GATS 算法的性能。

首先,将 GATS 算法的计算结果与 CPLEX 计算结果及下界 LB 进行对比,以评价 GATS 算法求得的解与最优解及下界的接近程度。对每组算例调用 GATS 计算 10 次,保存 10 个解中的最好解、解的均值以及求解平均时间,同时,通过式(5-40)求出每个问题对应的下界 LB。记录 CPLEX 求得的问题的最优解和求解时间。同样,因为 CPLEX 在有限时间内无法求出所有算例的最优解,所以要为不同组的算例设置 CPLEX 求解时间限制。根据算例的规模,本章将小规模算例的 CPLEX 计算时间设为 24 h,中等规模算例的 CPLEX 计算时间设为 48 h。对于大部分大规模算例而言,CPLEX 甚至不能在有限时间内得到问题的可行解,失去对比的意义,因此,本章并未用 CPLEX 求解大规模算例。计算结果详见表 5-2～表 5-4。表中的 gap、$\mathrm{dev_{CPLEX}}$ 分别表示混合算法求出的解与下界及 CPLEX 平均偏差,分别由下式计算而来:$\mathrm{gap}=(C-\mathrm{LB})/\mathrm{LB}\times100\%$,$\mathrm{dev_{CPLEX}}=(C-C_{\mathrm{CPLEX}})/C_{\mathrm{CPLEX}}\times100\%$。

表 5-2　小规模算例 GATS 与 LB、CPLEX 求解结果对比

算例	CPLEX		GATS			LB	$\mathrm{dev_{CPLEX}}$ /%	gap /%
	最优解/最好解	平均时间/s	最好解	均值	平均时间/s			
S1	94.90	4.34	94.90	94.90	0.05	83.50	0	13.65
S2	131.50	43.67	131.50	131.50	0.15	124.50	0	5.62
S3	124.00	97.21	124.00	124.00	0.17	119.75	0	3.55
S4	154.75	*	153.00	153.00	0.20	141.50	−1.13	8.13
S5	185.00	*	185.00	185.00	0.46	173.00	0	6.94
S6	157.50	*	157.00	158.00	0.45	154.75	0.32	2.10
S7	200.25	*	198.65	199.68	0.95	191.5	−0.28	4.27
S8	202.50	*	202.50	203.55	3.21	195.00	0.52	4.38
S9	274.45	*	283.40	283.40	4.41	262.85	3.26	7.82
S10	318.00	*	313.00	315.35	12.79	309.00	−0.83	2.06
S11	281.00	*	278.00	278.00	8.77	271.25	−1.07	2.49
S12	362.65	*	358.00	360.76	16.28	342.75	−0.52	5.25

注:* 表示该算例的 CPLEX 计算时间为 24 h。

表 5-3 中等规模算例 GATS 与 LB、CPLEX 求解结果对比

算例	CPLEX 最优解/最好解	GATS 最好解	GATS 均值	GATS 平均时间/s	LB	dev_{CPLEX}/%	gap/%
M1	406.00	402.00	402.20	11.63	391.00	−0.94	2.86
M2	393.00	381.50	384.70	18.12	372.25	−2.11	3.34
M3	465.35	451.05	456.80	25.65	436.25	−1.84	4.71
M4	523.00	507.50	511.05	18.10	495.00	−2.28	3.24
M5	487.00	457.50	461.30	32.51	448.50	−5.28	2.85
M6	590.25	551.05	555.08	32.07	539.25	−5.96	2.94
M7	621.00	608.50	610.50	37.41	605.00	−1.69	0.91
M8	585.00	553.00	559.80	44.24	534.75	−4.31	4.68
M9	675.48	630.95	636.56	49.96	617.00	−5.76	3.17
M10	813.00	627.00	629.80	70.36	611.50	−22.53	2.99
M11	713.00	621.00	629.03	76.13	611.50	−11.78	2.87

注:该算例的 CPLEX 计算时间为 48 h。

表 5-4 大规模算例 GATS 与 LB 求解结果对比

算例	GATS 最好解	GATS 均值	GATS 平均时间/s	LB	gap/%
L1	698.25	705.36	117.02	683.25	3.24
L2	826.00	832.57	132.03	812.00	2.53
L3	923.50	926.35	189.19	915.00	1.24
L4	1 436.33	1 445.95	279.25	1 365.00	5.93
L5	1 914.00	1 926.85	456.06	1 819.00	5.93
L6	2 366.00	2 402.24	634.94	2 245.00	7.00
L7	2 920.20	2 931.88	877.34	2 872.00	2.08
L8	3 466.80	3 509.58	984.73	3 317.00	5.81
L9	4 040.60	4 059.22	1 165.61	3 797.00	6.91
L10	4 568.67	4 584.87	1 265.45	4 267.00	7.45
L11	4 818.00	4 830.93	1 379.89	4 737.00	1.98

其次,与 TS 算法、HGA 的计算结果进行比较,以评价 GATS 算法的求解性能。调用 TS 算法和 HGA 分别对各算例计算 10 次以保存其求得的最好解、解的均值及求解平均时间,结果见表 5-5,其中 dev_{HGA} 和 dev_{TS} 定义为 $dev_{HGA} =$

$(C_{GATS}-C_{HGA})/C_{HGA}\times100\%$，$dev_{TS}=(C_{GATS}-C_{TS})/C_{TS}\times100\%$。

最后，调用 LUVR 和 NVR 分别对每个算例计算 10 次以保存得到的最好解和解的均值。NVR 及 LUVR 的计算时间较短，因此，本章未给出其求解算例的计算时间。结果见表 5-6，其中 dev_{NVR} 和 dev_{LUVR} 定义为 $dev_{NVR}=(C_{GATS}-C_{NVR})/C_{NVR}\times100\%$，$dev_{LUVR}=(C_{GATS}-C_{LUVR})/C_{LUVR}\times100\%$。

(1) 与 CPLEX 求解结果及下界比较

对于小规模算例，从表 5-2 可以看出 CPLEX 能够求出前 3 个算例的最优解，GATS 算法同样获得了这 3 个算例的精确解。对于其他 9 个小规模算例，GATS 算法获得了与 CPLEX 在 24 h 内求出的最好解相同或偏差极小的解，平均偏差在 −1.13% ~ 3.26% 之间。从表 5-2 中可以看到，算例 S1，S2 和 S3 的下界均小于最优解，且最优解与下界的偏差分别为 13.65%、5.62% 和 3.55%，说明本章给出的下界并不是非常紧致。这主要是由于在计算下界时忽略了所有可能存在的 RGV 等待时间，对于小规模算例而言，每辆 RGV 的出库物料数量较少，在没有其他物料需要搬运时，RGV 必须等待堆垛机完成一次取货任务才能开始搬运作业，因而导致实际的求解结果比下界大。对于后 9 个算例，GATS 算法与下界的偏差为 2.06% ~ 8.13%。而从求解时间上来说，GATS 算法的求解平均时间均不足 20 s。可以认为，对于小规模算例而言，GATS 算法能够在较短时间获得最优解或近似最优解。

对于中等规模算例，由表 5-3 可知，GATS 算法对每个算例的求解结果均优于 CPLEX 在 48 h 内求出的最好解，随着算例规模不断增大，GATS 算法的解与 CPLEX 求解结果的平均偏差呈上升趋势。GATS 算法获得的解与下界的平均 gap 比较接近，分布在 0.91% ~ 4.71%。从计算时间上来看，GATS 算法在求解该组算例的平均时间随着算例规模增大而增大，算例 M11 的求解时间最长，为 76 s。

对于大规模算例，由表 5-4 可知，GATS 算法获得的解与下界的平均 gap 在 1.24% ~ 7.45% 之间。可以认为，对于大规模算例而言，GATS 算法能够获得质量尚好的解。

(2) 与 TS 算法和 HGA 比较

由表 5-5 可知，GATS 算法与 HGA 和 TS 算法均获得了 S1 至 S5 的最优解。在算例 S7、S12、M2、M3、M4、M5、M6、M10、M11、L1、L4 和 L5 上，GATS 算法与 HGA 或 TS 算法的平均解的偏差超过 2%。对于其他算例，GATS 算法的求解结果均略优于 HGA 和 TS 算法的计算结果，平均偏差分别在 −1.96% ~ 0.04% 之间。GATS 算法与 HGA、TS 算法求解结果的总平均偏差分别为 −1.19% 和 −1.73%。从计算时间上看，三个算法求解各算例的计算时间相差

表 5-5 GATS 与 TS,HGA 求解结果对比

算例		HGA			TS			GATS			devHGA /%	devTS /%
		最好解	均值	平均时间/s	最好解	均值	平均时间/s	最好解	均值	平均时间/s		
小规模算例	S1	94.90	94.90	0.02	94.90	94.90	0.11	94.90	94.90	0.05	0	0
	S2	131.50	131.50	0.14	131.50	131.50	0.38	131.50	131.50	0.15	0	0
	S3	124.00	124.00	0.19	124.00	124.00	0.46	124.00	124.00	0.17	0	0
	S4	156.75	156.75	0.18	155.50	158.74	0.51	153.00	153.00	0.20	-2.39	-3.62
	S5	185.00	185.00	0.29	185.00	185.00	0.76	185.00	185.00	0.46	0	0
	S6	158.50	158.50	0.56	159.00	159.67	0.84	157.00	158.00	0.45	-0.32	-1.05
	S7	203.50	205.07	1.37	203.70	209.91	1.32	198.65	199.68	0.95	-2.63	-4.87
	S8	202.50	204.33	2.14	204.33	205.68	0.99	202.50	203.55	3.21	-0.38	-1.04
	S9	283.75	283.75	2.87	283.40	283.50	1.65	283.40	283.40	4.41	-0.12	-0.04
	S10	320.50	321.67	6.88	318.00	321.13	3.54	313.00	315.35	12.79	-1.96	-1.80
	S11	281.00	281.83	6.31	279.50	280.16	4.74	278.00	278.00	8.77	-1.36	-0.77
	S12	361.88	365.51	10.15	361.88	372.82	8.53	358.00	360.76	16.28	-1.30	-3.23
中等规模算例	M1	402.00	403.00	10.74	402.00	403.65	9.92	402.00	402.20	11.63	-0.20	-0.36
	M2	395.00	400.17	14.61	389.00	393.95	14.63	381.50	384.70	18.12	-3.87	-2.35
	M3	468.35	466.73	16.91	458.60	465.51	16.62	451.05	456.80	25.65	-2.13	-1.87
	M4	521.00	522.67	30.18	509.00	519.98	23.20	507.50	511.05	18.10	-2.22	-1.72
	M5	465.50	475.50	40.83	465.50	472.45	29.16	457.50	461.30	32.51	-2.99	-2.36
	M6	553.00	555.75	47.81	565.40	570.88	29.95	551.05	555.08	32.07	-0.12	-2.77
	M7	612.50	613.17	49.50	610.50	613.80	32.89	608.50	610.50	37.41	-0.44	-0.54

表 5-5（续）

算例		HGA			TS			GATS			devHGA /%	devTS /%
		最好解	均值	平均时间/s	最好解	均值	平均时间/s	最好解	均值	平均时间/s		
中等规模算例	M8	557.50	563.67	53.61	560.00	569.70	45.06	553.00	559.80	44.24	−0.69	−1.74
	M9	634.50	642.58	61.45	652.60	670.01	56.03	630.95	636.56	49.96	−0.94	−4.99
	M10	651.50	673.67	85.05	651.50	677.39	68.02	627.00	629.80	70.36	−6.51	−7.03
	M11	639.00	643.00	93.68	650.50	659.87	82.40	621.00	629.03	76.13	−2.17	−4.67
大规模算例	L1	704.50	708.81	104.58	716.90	720.98	95.17	698.25	705.36	117.02	−0.49	−2.17
	L2	832.50	838.83	129.52	838.50	841.66	112.78	826.00	832.57	132.03	−0.75	−1.08
	L3	927.50	930.40	138.19	929.00	932.60	119.59	923.50	926.35	189.19	−0.44	−0.67
	L4	1 458.50	1 464.37	209.25	1 461.00	1 477.38	216.99	1 436.33	1 445.95	279.25	−1.26	−2.13
	L5	1 918.33	1 955.80	496.06	1 916.00	1 968.30	592.20	1 914.00	1 926.85	456.06	−1.48	−2.11
	L6	2 387.67	2 421.20	704.94	2 400.00	2 422.93	736.40	2 366.00	2 402.24	634.94	−0.78	−0.85
	L7	2 932.00	2 935.12	917.33	2 925.20	2 933.24	927.13	2 920.20	2 931.88	877.34	−0.11	−0.05
	L8	3 495.60	3 512.05	1 100.73	3 501.60	3 511.60	1 028.69	3 466.80	3 509.58	984.73	−0.07	−0.06
	L9	4 057.87	4 087.73	1 465.61	4 078.33	4 104.62	1 250.03	4 040.60	4 059.22	1 165.61	−0.70	−1.11
	L10	4 607.87	4 647.68	1 365.44	4 627.40	4 667.55	1 171.82	4 568.67	4 584.87	1 265.45	−1.35	−1.77
	L11	4 820.20	4 839.97	1 449.89	4 818.20	4 840.12	1291.71	4 818.00	4 830.93	1 379.89	−0.19	−0.19
平均值											−1.19	−1.73

不多。虽然三种算法都能够很好地求解本章所提出的问题，然而整体上而言 GATS 算法的表现最好。

（3）与 NVR 和 LUVR 比较

由表 5-6 可知，在所有算例上，GATS 算法分别以 26.71% 和 41.09% 的总平均偏差优于 NVR 和 LUVR。相对而言，NVR 所得到的结果优于 LUVR 得到的结果。

表 5-6　GATS 与 NVR、LUVR 求解结果对比

算例		NVR		LUVR		GATS		dev_{NVR} /%	dev_{LUVR} /%
		最好解	均值	最好解	均值	最好解	均值		
小规模算例	S1	117.40	130.68	140.33	149.75	94.90	94.90	−27.23	−36.63
	S2	178.50	215.83	179.33	196.17	131.50	131.50	−39.07	−32.97
	S3	142.00	169.50	173.00	226.65	124.00	124.00	−26.84	−45.29
	S4	176.25	201.21	235.75	244.42	153.00	153.00	−23.96	−37.40
	S5	210.00	239.33	280.17	321.87	185.00	185.00	−22.70	−42.52
	S6	183.50	219.30	260.5	296.15	157.00	158.00	−27.95	−46.65
	S7	260.20	275.52	248.77	286.70	198.65	199.68	−27.53	−30.35
	S8	232.00	266.75	274.00	349.50	202.50	203.55	−23.69	−41.76
	S9	348.45	386.70	379.07	453.88	283.40	283.40	−26.71	−37.56
	S10	387.67	436.97	457.33	573.95	313.00	315.35	−27.83	−45.06
	S11	309.00	354.30	379.00	471.45	278.00	278.00	−21.54	−41.03
	S12	406.30	464.40	492.23	556.04	358.00	360.76	−22.32	−35.12
中等规模算例	M1	490.67	534.70	567.33	634.67	402.00	402.20	−24.78	−36.63
	M2	506.00	546.15	535.00	708.75	381.50	384.70	−29.56	−45.72
	M3	497.75	574.63	735.77	838.09	451.05	456.80	−20.51	−45.50
	M4	683.00	801.58	725.17	808.92	507.50	511.05	−36.24	−36.82
	M5	694.50	743.61	722.50	800.60	457.50	461.30	−37.96	−42.38
	M6	709.68	764.05	894.13	1 016.89	551.05	555.08	−27.35	−45.41
	M7	670.00	705.04	1 027.33	1 226.68	608.50	610.50	−13.41	−50.23
	M8	765.50	797.00	872.00	932.60	553.00	559.80	−29.76	−39.97
	M9	798.60	871.44	873.03	1 130.56	630.95	636.56	−26.95	−43.70
	M10	800.50	892.17	1 034.83	1 206.37	627.00	629.80	−29.41	−47.79
	M11	811.00	865.11	1 033.50	1 124.80	621.00	629.03	−27.29	−44.08

表 5-6(续)

算例		NVR		LUVR		GATS		dev_{NVR} /%	dev_{LUVR} /%
		最好解	均值	最好解	均值	最好解	均值		
大规模算例	L1	833.15	977.27	1 114.08	1 282.52	698.25	705.36	−27.82	−45.00
	L2	1 118.00	1 326.02	1 280.17	1 389.77	826.00	832.57	−37.21	−40.09
	L3	1 007.50	1 050.87	1 259.00	1 463.18	923.50	926.35	−11.85	−36.69
	L4	1 827.83	1 997.47	1 819.00	2 118.00	1 436.33	1 445.95	−27.61	−31.73
	L5	2 377.00	2 531.63	2 448.67	2 920.17	1 914.00	1 926.85	−23.89	−34.02
	L6	3 033.33	3 518.03	3 968.16	4 088.30	2 366.00	2 402.24	−31.72	−41.24
	L7	3 308.00	3 703.65	4 745.17	5 282.07	2 920.20	2 931.88	−20.84	−44.49
	L8	3 789.00	4 654.33	5 749.86	5 985.85	3 466.80	3 509.58	−24.60	−41.37
	L9	5 143.47	5 790.67	6 840.59	6 954.75	4 040.60	4 059.22	−29.90	−41.63
	L10	5 209.67	5 840.60	7 205.26	7 811.75	4 568.67	4 584.87	−21.50	−41.31
	L11	5 402.59	6 929.98	9 156.39	9 446.99	4 818.00	4 830.93	−30.29	−48.86
平均值								−26.71	−41.09

本章从 34 组不同规模的算例中选出几组算例,给出其对应的最优解或最好解及运送-时间图以说明本章获得的调度结果无 RGV 碰撞。运送-时间图中横轴表示物料出库所用时间,单位为秒(s),纵轴表示出库站或出库输送机的坐标(其距 1 号出库输送机的距离),单位为米(m),虚线表示 RGV 的空运送或等待,实斜线表示 RGV 运送,位于某个坐标上的横实线表示 RGV 装载或卸载的动作。具体见图 5-4~图 5-13,及附录 B 表 8~表 15。

从图 5-4~图 5-13 中可以看出,本章提出的 RGV 冲突避免约束能够有效避免重叠区域内的 RGV 碰撞。

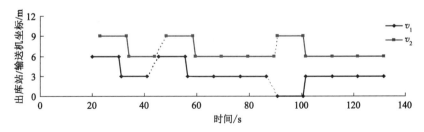

图 5-4 算例 S2 的 GATS 最好解的运送-时间图

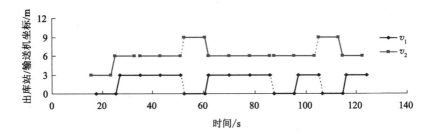

图 5-5　算例 S3 的 GATS 最好解的运送-时间图

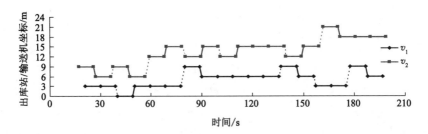

图 5-6　算例 S7 的 GATS 最好解的运送-时间图

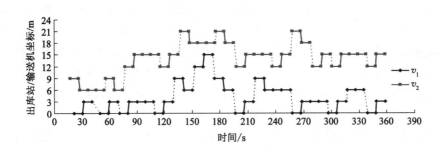

图 5-7　算例 S12 的 GATS 最好解的运送-时间图

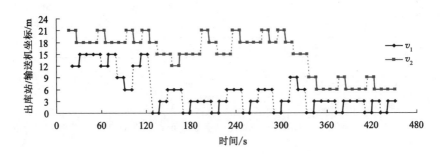

图 5-8　算例 M3 的 GATS 最好解的运送-时间图

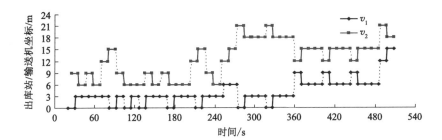

图 5-9　算例 M4 的 GATS 最好解的运送-时间图

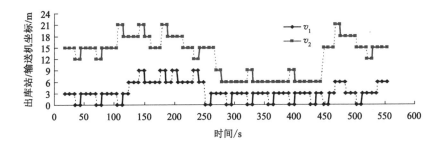

图 5-10　算例 M8 的 GATS 最好解的运送-时间图

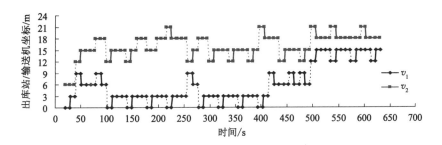

图 5-11　算例 M9 的 GATS 最好解的运送-时间图

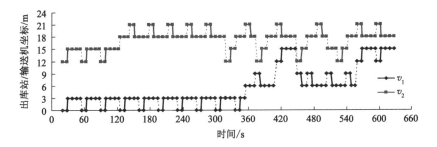

图 5-12　算例 M10 的 GATS 最好解的运送-时间图

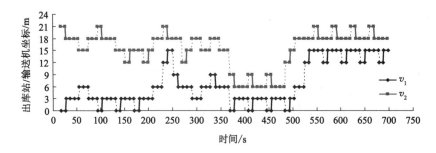

图 5-13 算例 L1 的 GATS 最好解的运送-时间图

5.5 路线无重叠区与有重叠区调度结果对比

第 4 章和本章分别考虑了路线无重叠区和路线有重叠区的直线往复 2-RGV 系统的出库调度问题,这两种 RGV 系统运行模式也是文献中经常提到的模式。本节对这两种模式下得到调度结果进行对比,结果详见表 5-7,表中的 dev_{best} 表示有路线无重叠区 2-RGV 系统的出库调度问题最好解与带路线有重叠区 2-RGV 系统的出库调度最好解的偏差,dev_{aver} 表示有路线无重叠区 2-RGV 系统的出库调度求解结果与带路线有重叠区 2-RGV 系统的出库调度求解结果的平均偏差,均由式 $dev=(C_{GATS}-C_{HGA})/C_{HGA}\times100\%$ 计算而来。

表 5-7 **2-RGV 路线无重叠区与有重叠区的求解结果对比**

算例		路线无重叠区 2-RGV		路线有重叠区 2-RGV		dev_{best} /%	dev_{aver} /%
		HGA 最好解	HGA 解的均值	GATS 最好解	GATS 解的均值		
小规模算例	S1	94.90	94.90	94.90	94.90	0	0
	S2	131.50	131.50	131.50	131.50	0	0
	S3	124.00	124.00	124.00	124.00	0	0
	S4	154.75	154.75	153.00	153.00	−1.13	−1.13
	S5	185.00	185.00	185.00	185.00	0	0
	S6	157.00	158.88	157.00	158.00	0	−0.55
	S7	200.85	200.89	198.65	199.68	−1.10	−0.60
	S8	201.00	203.35	202.50	203.80	0.75	0.22
	S9	283.40	283.72	283.40	283.40	0	−0.11

表 5-7(续)

算例		路线无重叠区 2-RGV		路线有重叠区 2-RGV		dev$_{best}$ /%	dev$_{aver}$ /%
		HGA 最好解	HGA 解的均值	GATS 最好解	GATS 解的均值		
小规模算例	S10	317.00	318.70	313.00	315.35	−1.26	−1.05
	S11	278.00	279.95	278.00	278.00	0	−0.70
	S12	359.80	360.57	358.00	361.33	−0.50	0.21
中等规模算例	M1	402.00	403.00	402.00	402.20	0	−0.20
	M2	385.50	387.95	381.50	385.80	−1.04	−0.55
	M3	454.60	456.59	451.05	458.11	−0.78	0.33
	M4	511.00	512.45	507.50	512.75	−0.68	0.06
	M5	474.50	480.20	457.50	461.30	−3.58	−3.94
	M6	562.30	564.92	551.05	555.08	−2.00	−1.74
	M7	611.00	613.95	608.50	610.50	−0.41	−0.56
	M8	559.50	564.50	553.00	559.80	−1.16	−0.83
	M9	647.20	649.04	630.95	636.56	−2.51	−1.92
	M10	719.50	722.90	627.00	629.80	−12.86	−12.88
	M11	639.00	642.25	621.00	629.03	−2.82	−2.06
大规模算例	L1	702.00	706.80	698.25	705.36	−0.53	−0.20
	L2	840.00	844.05	826.00	832.57	−1.67	−1.36
	L3	931.50	935.10	923.50	926.35	−0.86	−0.94
	L4	1 446.50	1 454.60	1 436.33	1 445.95	−0.70	−0.59
	L5	1 959.00	1 967.25	1 914.00	1 926.85	−2.30	−2.05
	L6	2 429.50	2 437.00	2 366.00	2 402.24	−2.61	−1.43
	L7	2 935.20	2 949.87	2 920.20	2 931.88	−0.51	−0.61
	L8	3 378.00	3 396.36	3 466.80	3 509.58	2.63	3.33
	L9	3 993.00	4 002.40	4 040.60	4 059.22	1.19	1.42
	L10	4 402.40	4 410.80	4 568.67	4 584.87	3.78	3.95
	L11	4 815.00	4 871.24	4 818.00	4 830.93	0.06	−0.83

　　首先,由表 4-4 和表 5-2 可知,CPLEX 能够求出路线无重叠区运行模式下算例 S1 至 S4 的最优解和路线有重叠区运行模式下算例 S1 至 S3 的最优解,HGA 获得了算例 S1 至 S4 的最优解,GATS 算法获得了算例 S1 至 S3 的最优解,说明无重叠区的 2-RGV 调度问题更易求解。由表 5-7 可知,对于 CPLEX

能够精确求解的算例 S1 至 S3，路线无重叠区和有重叠区所得到的最优解相同。对于算例 S4，有重叠区模式下 GATS 算法获得的最好解优于无重叠区模式下获得的最优解，对应的解的运送-时间图见图 5-14 和图 5-15。

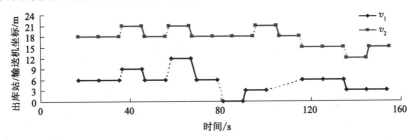

图 5-14　路线无重叠区下算例 S4 的 CPLEX 最优解的运送-时间图

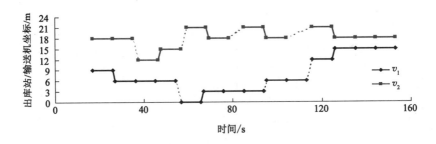

图 5-15　路线有重叠区下算例 S4 的 GATS 最好解的运送-时间图

其次，对于 CPLEX 不能求出最优解的算例，对比由 HGA 和 GATS 算法获得的最优解和解的均值的偏差来对比两者之间的优劣。

从表 5-7 第 7 列可以看出，除了算例 S8、S12、M3、M4 及算例 L8～L10，对于其他所有算例，通过求解有重叠区 2-RGV 调度问题所得的最好解及解的均值分别优于路线无重叠的 2-RGV 调度问题的最好解和解的均值。对于小规模和中规模算例而言，行驶路线有重叠区的 2-RGV 调度问题解的均值较无重叠区解的均值有 1% 左右的改进。对于中等规模算例，路线有重叠的问题比路线无重叠问题解的均值多 2% 左右，在算例 M10 上，解的均值改进了 12.88%。

图 4-12 和图 5-12 给出了算例 M10 在无重叠区和有重叠区情况下获得的最好解的运送-时间图，从中可以看到，虽然两种情况下都考虑了两辆 RGV 的运量均衡，但路线有重叠区时无论解的质量还是解的均值都得到了较大幅度的提高。对于大规模中的算例 L8～L10，GATS 算法获得的有重叠区的最好解及均值都略大于对应的 HGA 获得的无重叠区的值，造成这种结果的可能原因如下：这四个算例的规模都比较大，应用启发式算法求解时，在解的构造、目标函

数的计算等方面所涉及的计算都比路线无重叠区的情况复杂,为了平衡 GATS 算法的计算时间和计算结果,GATS 算法并未能进行足够充分的计算。因此,将这些算例的求解结果进行对比,并不足以说明区域有重叠和区域无重叠两种情况的优劣。而对于其余算例,在同样考虑均衡两辆 RGV 运量的情况下,RGV 行驶路线有重叠区的 2-RGV 系统的搬运效率高于无重叠区的 2-RGV 系统的效率。在无重叠区和有重叠区两种运行模式下,本研究均选择以运量均衡为标准为物料分配 RGV。但除了运量均衡,堆垛机拣取两辆 RGV 各自搬运物料所需时间的差异(r_{aj} 造成的差异)及物料在各巷道内分布情况的差异(t_{ae} 造成的差异)均对总出库时间有影响,有重叠区时能够将这两个因素造成的影响平均,但在无重叠区模式下却不能平均。这是在有重叠区运行模式下计算结果较优的主要原因。

综上可知,两种运行模式各有利弊:无重叠区模式下的调度问题更易求解,且由于在各自区域内不会产生冲突,因此,在实际应用中更容易调度,也更安全;有重叠区模式下能够平衡物料在各巷道、各货架上分布情况对出库时间造成影响,因此能够最大化系统效率,但运行情况较为复杂。

5.6 本章小结

本章研究了具有往复双穿梭车系统的自动化立体仓库出库过程调度问题,将 RGV 调度与堆垛机调度耦合,研究主要侧重于两辆 RGV 行驶路线有重叠区的 2-RGV 系统的冲突避免调度,目的是最小化物料出库时间。在对 RGV 系统中所有可能产生碰撞的情况进行详细分析的基础上,提出了路线有重叠区的 2-RGV 冲突避免约束,结合堆垛机拣货顺序约束、RGV 能力约束以及运送时间约束等,首次建立了该问题的混合整数规划模型,提出了一个混合遗传禁忌搜索算法求解问题。根据问题的特征,提出了适应问题特征的染色体编码和原问题的可行解构造算法,为每件出库物料分配 RGV 和出库站,确保每条染色体都是原问题的一个可行序列。为了评价 GATS 算法的有效性,提出了问题的一个下界。算例计算结果显示:本章提出的算法与 CPLEX 求得的解均是无 RGV 冲突的;通过将 GATS 算法的求解结果与 CPLEX 求解结果和下界相比,GATS 算法能够得到部分小规模算例的最优解,能获得其余算例的近似最优解,其解与下界的平均偏差为 3.04%;GATS 算法的计算结果普遍优于 HGA 和 TS 算法,分别平均改进了 HGA 和 TS 算法求解结果的 1.19% 和 1.73%;与物料出库顺序遵循 FCFS 规则且 RGV 派遣规则分别采用距离最近 RGV 和最小使用率两种规则获得的结果相比,GATS 算法得到的结果更好,分别平均改进了

9.81%和15.68%。

最后,通过对比无重叠区 2-RGV 和有重叠区 2-RGV 调度问题的求解结果,整体而言,在有重叠区的运行模式下,调度质量较优。无重叠区的 2-RGV 系统仅在区域边界有 RGV 冲突的可能,在各自区域内均无须考虑 RGV 冲突,因此更易求得 RGV 调度,在实际应用中也更易控制,应用更安全;路线有重叠区模式下的 2-RGV 系统能够将物料在各巷道、各货架上的分布情况差异对出库时间造成的影响进一步平均。这两种运行模式各有利弊,因此在实际应用中,因根据具体情况决定采用那一种模式更合适。

6 自动化立体仓库中直线往复 2-RGV 系统入库作业调度

6.1 引言

凭借空间利用率高、劳动力成本低以及处理速度快等优点,自动化立体仓库(AS/RS)在物流仓储行业得到广泛应用。对于生产制造企业的 AS/RS 而言,入库理货区负责存放产成后待入库的货物(物料),并根据周转率为待入库货物预先分配合理的储位。若 AS/RS 搬运系统的运作效率较低,易造成货物在理货区堆积,制约企业的生产加工效率。因此,提高 AS/RS 搬运系统的运作效率势在必行。作为 AS/RS 搬运系统的重要组成部分,直线往复 RGV 系统可高效执行货物入库搬运任务。但在 AS/RS 入库作业过程中,若 RGV 系统调度不合理,易造成 RGV 与堆垛机相互等待以及 RGV 相互碰撞等问题,极大地制约了 AS/RS 的入库作业效率。只有通过合理调度,提高直线往复 RGV 系统搬运效率,才能保证货物快速入库。本章以生产制造企业的 AS/RS 为背景,对货物入库作业过程中的直线往复 2-RGV 系统调度问题进行研究,旨在通过对直线往复 2-RGV 系统的合理调度提升货物的入库效率。

求解组合优化问题的方法主要包括精确方法和近似方法两种[174]。截至目前,对 AS/RS 中直线往复 RGV 系统调度问题的研究侧重于使用调度规则等近似方法,很少应用整数规划等精确方法。Ding 等[175]、刘红伟等[176]研究了单 RGV 系统中 RGV 作业调度问题。冯倩倩等[177]对单 RGV 与两道工序的数控机床协同作业问题进行了研究。王和旭等[178]、黎永壹等[179]、李国民等[180]等研究了生产制造系统中直线往复 RGV 的动态调度问题。Dotoli 等[42-43]研究了 AS/RS 中 RGV 的动态调度问题。与生产制造系统单 RGV 调度问题不同,AS/RS 中 2-RGV 调度问题不仅需要考虑 RGV 作业效率和作业路径规划等问题,还应当考虑 RGV 之间的碰撞避免以及 RGV 与堆垛机协调作业的问题。而动态调度策略易出现 RGV 等待现象。在直线往复 RGV 系统不发生故障的情况下,当且仅当两辆 RGV 作业路径发生重叠时会发生碰撞[181]。张桂琴等[49]引入时间窗的方法解决了直线往复 RGV 碰撞避免问题,为 RGV 碰撞避免提供了合理的方案,但是未考虑 RGV 作业路径重叠时发生碰撞的情况。

由上述文献可知,多数学者在 RGV 系统设计、路径规划和碰撞避免等方面对 RGV 系统调度问题进行研究,虽然给出了可行的调度策略,但采用这些调度策略得到的调度方案无法保证解的质量。

胡朋朋[182]研究了分区模式下直线往复 2-RGV 系统入库调度问题,该研究与本章较为相近。但是该研究对 RGV 系统绝对分区,未考虑平衡 RGV 作业任务量、输送机容量限制以及 RGV 碰撞避免等问题。Liu 等[50]通过仿真试验对比了 RGV 路径分区与路径整合两种调度模式,试验表明作业任务繁重时采用路径分区可提高作业效率。王泽坤等[183]采用区域划分的方法构建了 RGV 区域自治模型,该方法可提高 RGV 路径规划的效率。因此,鉴于所研究问题复杂度较高,本章引入分区法对 RGV 作业路径进行划分,以对问题进行适当简化。

综上所述,本章对生产制造企业的 AS/RS 货物入库过程中直线往复 2-RGV 系统的调度问题展开研究,引入分区法对 RGV 运作区域进行划分,平衡 RGV 作业任务量,以货物入库时间最小化为目标,考虑 RGV 碰撞避免、I/O 站指派以及 RGV 与堆垛机协调作业等约束,构建该问题的混合整数线性规划(MILP)模型。结合问题特征设计自适应灾变遗传算法(adaptive catastrophic genetic algorithm,简称 ACGA)求解该问题,并根据货物周转率使用 ABC 分类法为每组算例的货物进行货位分配,通过算例试验验证算法的有效性。

6.2 问题描述与模型构建

6.2.1 问题描述

本章研究问题可描述如下:某生产制造企业的 AS/RS(仓库布局如图 6-1 所示)有 N 个 I/O 站,m 条巷道,每条巷道两侧各有一排多层货架。每件货物入库时优先使用 ABC 分类法为货物分配储位,而后由空闲的 RGV 于 I/O 站装载货物,并运输至指定的输送机。之后由堆垛机从输送机处装载货物,并运送到特定的货位内。本章将 RGV 由 I/O 站装载货物开始,至堆垛机将货物存入指定货位并返回输送机的过程定义为一个货物完成入库。若 RGV 到达输送机处而堆垛机尚未返回输送机,为避免输送机上货物积压,RGV 应将货物卸载后于输送机处等待,直至堆垛机取走货物。若一辆 RGV 前往某一输送机或 I/O

站时,另一辆 RGV 于相同位置执行作业任务,则前者应保持安全距离等待,直至后一辆 RGV 离开。否则,两辆 RGV 会发生碰撞。为避免 RGV 碰撞,减少 RGV 重叠作业路径,本章引入分区法对 RGV 系统进行调度,具体分区思想如下:以轨道上某一点为界将货物存储区分成两个区域并以另一点为界将 I/O 站分成两个区域。RGV1 于左侧的 I/O 站将左侧区域中的货物搬运至输送机,右侧区域内的货物由 RGV2 运送。通过确定每辆 RGV 合理的货物运送顺序,为每件货物分配 I/O 站,在避免 RGV 碰撞的同时实现货物入库时间最小化。

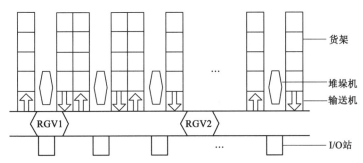

图 6-1 自动化立体仓库布局示意图

6.2.2 基本假设

本章所研究的入库过程中的直线往复 2-RGV 调度问题基于如下假设:

(1) 堆垛机、RGV、输送机与货位的容量均为 1 个单位。

(2) RGV 匀速行驶。

(3) 以最左侧输送机位置为坐标原点,依次向右延伸为 x 轴,忽略 y 轴。

(4) 系统全程运行流畅,无故障发生。

(5) RGV 的初始位置为所执行的第一件入库货物对应的 I/O 站位置。

6.2.3 变量设置

NUM——待入库货物的总数;

m——巷道数;

N——I/O 站个数;

n_a——巷道 a 两侧货架待入库货物的数量;

a——巷道编号,$a=1,\cdots,m$;

e——I/O 站编号,$e=1,\cdots,N$;

v——RGV 编号,$v=1,2$;

j——入库至巷道 a 两侧货架的货物的编号，$j=1,\cdots,n_a$；

V——RGV 的平均速度；

P_a——I/O 输送机 a 的位置；

q_e——I/O 站 e 的位置；

M——一个很大的正整数；

u——RGV 装卸货时间；

θ——两车之间的安全距离；

t_{ea}——RGV 从 I/O 站 e 到输送机 a 或从输送机 a 到 I/O 站 e 所需要的时间；

r_{aj}——堆垛机开始存取货物 J_{aj} 的开始时间；

U_{aj}——堆垛机于巷道 a 存放第 j 个入库货物并返回输送机处所需要的时间；

σ——堆垛机连续存放相邻货位中的货物单位时间间隔；

R_{aj}——RGV 开始运送 J_{aj} 的时间；

C_{aj}——RGV 完成运送 aj 的时间；

P_{aj}^{s}——运送 aj 的开始位置；

P_{aj}^{c}——运送 aj 的完成位置；

$Z_{\max}$——所有货物完成入库的时间；

$$x_{aji}=\begin{cases}1 & J_{aj}\text{是堆垛机第 }i\text{ 次存放的物料}\\0 & \text{其他}\end{cases};$$

$$w_{eaj}=\begin{cases}1 & \text{物料 }J_{aj}\text{ 由 RGV 从 I/O 站 }e\text{ 运送}\\0 & \text{其他}\end{cases};$$

$$D_{ajv}=\begin{cases}1 & \text{物料 }J_{aj}\text{ 由 }v\text{ 来运送}\\0 & \text{其他}\end{cases};$$

$$y_{aj,bk}^{ss}=\begin{cases}1 & \text{物料 }J_{aj}\text{ 开始运送早于 }J_{bk}\text{ 开始}\\0 & \text{其他}\end{cases};$$

$$y_{aj,bk}^{sc}=\begin{cases}1 & \text{物料 }J_{aj}\text{ 开始运送早于 }J_{bk}\text{ 完成}\\0 & \text{其他}\end{cases};$$

$$y_{aj,bk}^{cs}=\begin{cases}1 & \text{物料 }J_{aj}\text{ 运送完成早于 }J_{bk}\text{ 开始}\\0 & \text{其他}\end{cases};$$

$$y_{aj,bk}^{cc}=\begin{cases}1 & \text{物料 }J_{aj}\text{ 运送完成早于 }J_{bk}\text{ 完成}\\0 & \text{其他}\end{cases};$$

$$L_{aj,bk}^{ss}=\begin{cases}1 & P_{aj}^{s}=P_{bk}^{s}\\0 & \text{其他}\end{cases};$$

$$L_{aj,bk}^{sc} = \begin{cases} 1 & P_{aj}^s = P_{bk}^c \\ 0 & \text{其他} \end{cases};$$

$$L_{aj,bk}^{cs} = \begin{cases} 1 & P_{aj}^c = P_{bk}^s \\ 0 & \text{其他} \end{cases};$$

$$L_{aj,bk}^{cc} = \begin{cases} 1 & P_{aj}^c = P_{bk}^c \\ 0 & \text{其他} \end{cases}。$$

6.2.4 数学模型

（1）目标函数

$$\min Z_{\max} \tag{6-1}$$

（2）约束条件

以下约束成立条件为：$a,b=1,\cdots,m$；$j,k=1,\cdots,n_a$；$a=b$ 时，$j \neq k$。

$$R_{bk} - R_{aj} \leqslant M y_{aj,bk}^{ss} \tag{6-2}$$

$$y_{aj,bk}^{ss} + y_{bk,aj}^{ss} = 1 \tag{6-3}$$

$$C_{bk} - R_{aj} \geqslant M(y_{aj,bk}^{sc} - 1) \tag{6-4}$$

$$R_{bk} - C_{aj} \geqslant M(y_{aj,bk}^{cs} - 1) \tag{6-5}$$

$$y_{aj,bk}^{sc} + y_{bk,aj}^{cs} = 1 \tag{6-6}$$

$$C_{bk} - C_{aj} \leqslant M y_{aj,bk}^{cc} \tag{6-7}$$

$$y_{aj,bk}^{cc} + y_{bk,aj}^{cc} = 1 \tag{6-8}$$

$$\sum_{e=1}^{N} w_{eaj} = 1 \tag{6-9}$$

$$\sum_{v=1}^{2} D_{ajv} = 1 \tag{6-10}$$

$$C_{aj} = R_{aj} + \sum_{e=1}^{N} t_{ea} w_{eaj} + 2u \tag{6-11}$$

$$R_{bk} \geqslant R_{aj} + \sum_{e=1}^{N} t_{ea} w_{eaj} + \sum_{e=1}^{N} t_{ae} w_{ebk} + 2u + M(y_{aj,bk}^{ss} + D_{ajv} + D_{bkv} - 3) \tag{6-12}$$

$$P_{aj}^s = \sum_{e=1}^{N} q_e w_{eaj} \tag{6-13}$$

$$P_{aj}^c = P_a \tag{6-14}$$

$$\sum_{i=1}^{n_a} x_{aji} = 1 \tag{6-15}$$

$$\sum_{j=1}^{n_a} x_{aji} = 1 \tag{6-16}$$

$$r_{aj} \geqslant C_{aj} + M(x_{aj1} - 1) \tag{6-17}$$

$$r_{aj} \geqslant C_{aj} \tag{6-18}$$

$$r_{aj} \geqslant r_{ah} + U_{ah} + M(x_{ah(i-1)} + x_{aji} - 2) \tag{6-19}$$

$$U_{aj} + r_{aj} = Z_{aj} \tag{6-20}$$

$$C_{aj} \geqslant r_{ah} + U_{ah} + M(x_{ah(i-1)} + x_{aji} - 2) \tag{6-21}$$

$$Z_{aj} \leqslant Z_{\max} \tag{6-22}$$

约束(6-2)至(6-8)保证 $y_{aj,bk}^{ss}$，$y_{aj,bk}^{sc}$，$y_{aj,bk}^{cs}$，$y_{aj,bk}^{cc}$ 正确定义。约束(6-9)和(6-10)表示每件货物只能由一个输送站出发且只能由一个 RGV 运送。约束(6-11)表示 RGV 运送完成的计算方程约束。对于两个连续的搬运任务，约束(6-12)保证 RGV 有足够的时间完成前一项运送并前往下一项运送的开始位置。约束(6-13)和(6-14)分别令运送 aj 开始位置为输送机 a 的位置，完成位置为 I/O 站 e 的位置。约束(6-15)和(6-16)表示堆垛机每次只存入一件货物，且每件货物只能被存储一次。约束(6-17)和(6-18)表示堆垛机开始拣货的时间至少等于运送 aj 完成的时间 C_{aj}。对于同一巷道 a 两个连续入库的货物，约束(6-19)保证堆垛机有足够的时间完成前一项入库任务并返回输送机 a。约束(6-20)给出了一件货物的入库完成时间的计算方式。约束(6-21)保证堆垛机返回输送机后 RGV 方可离开。约束(6-22)给出了货物入库作业完成的总时间。

（3）分区约束

在分区状态下，记 J_{aj} 与 J_{bk} 分别是由 v_1 和 v_2 运送的货物。为避免两辆 RGV 在分区临界点碰撞，有以下分区约束与分界点碰撞避免约束：

$$P_{aj}^s \leqslant P_{bk}^s + M(2 - D_{aj1} - D_{bk2}) \tag{6-23}$$

$$P_{aj}^c \leqslant P_{bk}^s + M(2 - D_{aj1} - D_{bk2}) \tag{6-24}$$

$$P_{aj}^s \leqslant P_{bk}^c + M(2 - D_{aj1} - D_{bk2}) \tag{6-25}$$

$$P_{aj}^c \leqslant P_{bk}^c + M(2 - D_{aj1} - D_{bk2}) \tag{6-26}$$

$$P_{aj}^s - P_{bk}^s \leqslant ML_{aj,bk}^{ss} \tag{6-27}$$

$$P_{aj}^s - P_{bk}^s \geqslant M(L_{aj,bk}^{ss} - 1) \tag{6-28}$$

$$P_{aj}^s - P_{bk}^c \leqslant ML_{aj,bk}^{sc} \tag{6-29}$$

$$P_{aj}^s - P_{bk}^c \geqslant M(L_{aj,bk}^{sc} - 1) \tag{6-30}$$

$$P_{aj}^c - P_{bk}^s \leqslant ML_{aj,bk}^{cs} \tag{6-31}$$

$$P_{aj}^c - P_{bk}^s \geqslant M(L_{aj,bk}^{cs} - 1) \tag{6-32}$$

$$P_{aj}^c - P_{bk}^c \leqslant ML_{aj,bk}^{cc} \tag{6-33}$$

$$P_{aj}^{c} - P_{bk}^{c} \geqslant M(L_{aj,bk}^{cc} - 1) \tag{6-34}$$

$$R_{bk} \geqslant R_{aj} + u + \frac{\theta}{V} + M(D_{aj1} + D_{bk2} + y_{aj,bk}^{ss} + L_{aj,bk}^{ss} - 4) \tag{6-35}$$

$$R_{aj} \geqslant R_{bk} + u + \frac{\theta}{V} + M(D_{aj1} + D_{bk2} + y_{bk,aj}^{ss} + L_{aj,bk}^{ss} - 4) \tag{6-36}$$

$$C_{bk} \geqslant R_{aj} + 2u + \frac{\theta}{V} + M(D_{aj1} + D_{bk2} + y_{aj,bk}^{sc} + L_{aj,bk}^{sc} - 4) \tag{6-37}$$

$$C_{aj} \geqslant R_{bk} + 2u + \frac{\theta}{V} + M(D_{aj1} + D_{bk2} + y_{bk,aj}^{sc} + L_{aj,bk}^{cs} - 4) \tag{6-38}$$

$$R_{bk} \geqslant C_{aj} + \frac{\theta}{V} + M(D_{aj1} + D_{bk2} + y_{aj,bk}^{cs} + L_{aj,bk}^{cs} - 4) \tag{6-39}$$

$$R_{aj} \geqslant C_{bk} + \frac{\theta}{V} + M(D_{aj1} + D_{bk2} + y_{bk,aj}^{cs} + L_{aj,bk}^{sc} - 4) \tag{6-40}$$

$$C_{bk} \geqslant C_{aj} + u + \frac{\theta}{V} + M(D_{aj1} + D_{bk2} + y_{aj,bk}^{cc} + L_{aj,bk}^{cc} - 4) \tag{6-41}$$

$$C_{aj} \geqslant C_{bk} + u + \frac{\theta}{V} + M(D_{aj1} + D_{bk2} + y_{bk,aj}^{cc} + L_{aj,bk}^{cc} - 4) \tag{6-42}$$

约束(6-23)至(6-26)确保运送货物 J_{aj} 的开始或完成位置始终不大于货物 bk。结合约束(6-23)至(6-26),约束(6-27)至(6-34)保证 $L_{aj,bk}^{ss}$,$L_{aj,bk}^{sc}$,$L_{aj,bk}^{cs}$,$L_{aj,bk}^{cc}$ 正确定义,且保证当两辆 RGV 作业位置相同时,$L_{aj,bk}^{ss}$,$L_{aj,bk}^{sc}$,$L_{aj,bk}^{cs}$,$L_{aj,bk}^{cc}$ 等于1。约束(6-35)至(6-42)避免了两辆 RGV 在分区临界点发生碰撞。交换 J_{aj} 与 J_{bk},上述约束仍成立。

6.3　算法设计

本章研究的重点在于确定合理的货物运送序列、选择执行每件货物搬运任务的 RGV 和 I/O 站,属于典型的组合优化问题。整数规划等精确算法只适合求解中等规模、小规模问题,当问题规模较大时,需要设计启发式算法[184-185]。传统遗传算法(traditional genetic algorithm,简称 TGA)具有强大的全局搜索能力,在相似问题求解中得到广泛应用[186-189]。但 TGA 存在迭代后期种群多样性不足,易过早收敛等问题[190-191]。结合问题特征,本章引入自适应交叉变异机制、2-opt 算子和灾变算子等策略对 TGA 进行改进,设计 ACGA 求解该问题,以提高算法的求解效率。

(1) 编码方式

本章采用三维结构编码对染色体进行表示,如图 6-2 所示。本章将待入库的 NUM 件货物由 1 至 NUM 编码,并确定每辆 RGV 运送的货物和相应的 I/O

站。货物分区流程为:随机选择某一巷道作为分界线,比较分界线两侧货物数量。若两侧货物数量之差不大于 1,则货物分区完成。否则,重复上述流程,直至完成货物分区。I/O 站分区策略为:保证 I/O 站分区临界点两侧的 I/O 站数量相同。分区后每件货物由 RGV 自左向右运送,分界线两侧分别表示 RGV 1 与 RGV 2 运送的货物。如图 6-2 所示,货物 1 为 RGV 1 运送的第一件货物并于 1 号 I/O 站入库。

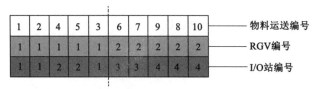

图 6-2　染色体三维结构编码

（2）种群初始化

在生成初始种群时,首先将第一维所代表的货物编码随机排列,而后根据贪婪策略选择离货物所在货架最近的 I/O 站入库,记种群规模为 POP。

（3）适应值计算

计算每代种群中染色体的目标函数值 $Z_{\max}$,记其中最大值为 f,则每条染色体适应值的计算方式如下:

$$f(Z_{\max}) = \begin{cases} f - Z_{\max} & Z_{\max} < f \\ 0 & 其他 \end{cases} \tag{6-43}$$

（4）选择策略

首先对父代种群中的染色体按适应值降序排列,将排名前 10% 的染色体直接遗传至下一代,不参与交叉变异。而后,采用轮盘赌选择策略生成子代种群中其余染色体,记该部分染色体为交配种群。

（5）自适应交叉变异操作

自适应遗传算法根据染色体适应值调整交叉变异概率,可有效提升 TGA 的收敛速度[192-193]。借鉴文献[194],设置随染色体适应值动态调整的交叉概率 P_c 与变异概率 P_m,计算方式如下:

$$P_c = \begin{cases} P_{c1} - \dfrac{(P_{c1} - P_{c2})(f' - f_{avg})}{f_{\max} - f_{avg}} & f' > f_{avg} \\ P_{c1} & f' \leqslant f_{avg} \end{cases} \tag{6-44}$$

$$P_m = \begin{cases} P_{m1} - \dfrac{(P_{m1} - P_{m2})(f - f_{avg})}{f_{\max} - f_{avg}} & f > f_{avg} \\ P_{m1} & f \leqslant f_{avg} \end{cases} \tag{6-45}$$

式中,P_{c1},P_{c2},P_{m1},P_{m2} 均为常数,参照文献[193],分别设置为:$P_{c1}=0.9$,$P_{c2}=0.6$,$P_{m1}=0.3$,$P_{m2}=0.1$。f_{avg}、f_{max}、f' 和 f 分别表示种群平均适应值、最高适应值、交叉染色体中较高适应值和变异染色体适应值。

本章按 P_c 随机选择交配种群中两个染色体,而后随机生成两个交叉点并交换选中的基因片段,交叉操作完成后通过消除重复基因的方式消除不可行解。具体如图 6-3(a)、图 6-3(b)所示。

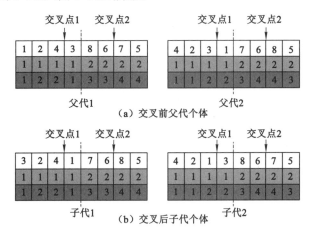

图 6-3　交叉前父代个体和交叉后子代个体

首先根据 P_m 对货物运送顺序进行两点互换变异,分别随机选择两个 RGV 运送区域内的两个基因位并交换,如图 6-4 所示。而后根据 P_m 为每件货物随机选择 RGV 作业区域内其他 I/O 站。

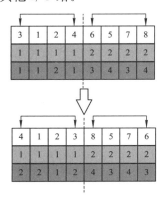

图 6-4　货物运送顺序变异过程

（6）2-opt 邻域搜索

为扩大可行解搜索范围,采用 2-opt 算子对子代种群中最高适应值染色体 x 的货物运送顺序进行邻域搜索。首先随机选择 x 的货物运送序列中不同 RGV 运送区域的两个位置,然后将选中位置间的基因片段反转,重复 F 次。计算该 F 个染色体的适应值,记其中最高适应值为 $f(x_{\text{best}})$,相应染色体为 x_{best}。若 $f(x_{\text{best}}) > f(x)$,则用 x_{best} 替换 x;否则,终止搜索。

（7）灾变算子与终止准则

由于 TGA 易早熟收敛,灾变算子通过消除部分染色体并重新产生新个体的方式增加种群多样性。具体灾变过程为:设置灾变参数 End,若最优解连续 End 代未改进,则在子代种群中随机选择除最高适应值染色体外的 γ 个染色体,采用与种群初始化相同的染色体生成方法更新这些染色体。

作为灾变算子的重要参数,灾变规模 γ 直接影响灾变效果。传统灾变算子常设置 γ 为常数,本章参照文献[195],设置了与算例相适应的 γ,计算方式如下:

$$\gamma = \lceil \exp(-a \times k/K_{\max}) \times \gamma^* \rceil \tag{6-46}$$

式中,γ^*,k,a 分别表示预设灾变规模、迭代次数和灾变控制参数,$a \in (0,1)$;$K_{\max}$ 表示最大迭代次数,当 $k = K_{\max}$ 时,算法终止。

6.4 算例分析

6.4.1 参数设置

为验证算法的有效性,选择某生产制造企业的自动化立体仓库的布局数据,生成 10 组不同规模的算例(见表 6-1)。其中,算例 1 与算例 2 的入库货物于 2 号至 4 号 I/O 站入库,并存储于 3 号至 6 号巷道两侧的货架,算例 3 与算例 4 的货物存储于 2 号至 7 号巷道两侧的货架。为了在保证货物入库效率的同时兼顾货物出库的拣选效率,本章基于货物周转率将入库货物分为 A、B、C 三类,A 类货物的数量占 75%~90%,B 类货物的数量占 5%~20%,C 类货物的数量占 10% 以下。同时,将每排货架也划分为 A、B、C 三类货物存储区域,每类货物分别存储其对应区域(货架区域划分如图 6-5 所示)。

本章所有算例均利用商业优化软件 CPLEX12.6 和本章所提出的 ACGA 算法进行计算。算法由 MATLAB 2016a 实现。所有计算均在 Inter ®CoreTM i7-6700HQ @2.60 GHz,内存 4.00 GB,操作系统 Windows 10 环境下运行。试验中 CPLEX 最大求解时间为 8 h。设最靠近输送机货位(1,1)的存储时间为

U_1,货物 aj 存储于货位 (k_1, k_2) 中,则其存储时间 $U_{aj} = U_1 + \sigma\max\{k_1 - 1,$ $k_2 - 1\}$。算例中各参数取值为:$\sigma = 1.5$ s,$P_a = \{3\text{ m}, 6.5\text{ m}, 10\text{ m}, 13.5\text{ m},$ $17\text{ m}, 20.5\text{ m}, 24\text{ m}, 27.5\text{ m}\}$,$q_e = \{4.5\text{ m}, 9\text{ m}, 13.5\text{ m}, 19\text{ m}, 24.5\text{ m}\}$,$v = 2$ m/s,$u = 6$ s,$\theta = 1.5$ m,$U_1 = 15$ s。

表 6-1　算例规模及参数

算例	m	N	n_a	NUM	A、B、C 三类货物比例
1	4	3	2,1,1,2	6	5∶1∶0
2	4	3	1,1,5,3	10	8∶1∶1
3	4	3	2,2,5,3	12	11∶1∶0
4	6	5	6,4,10,2,3,7	32	14∶1∶1
5	8	5	3,8,7,11,1,3,6,7	46	19∶3∶1
6	8	5	10,2,4,3,15,8,6,6	54	45∶7∶2
7	8	5	6,16,5,12,4,10,7,6	66	27∶5∶0
8	8	5	6,10,22,31,15,7,5,10	106	84∶17∶5
9	8	5	20,5,7,10,38,21,10,11	122	97∶20∶5
10	8	5	18,28,17,45,11,21,12,18	170	27∶6∶1

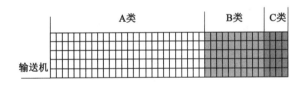

图 6-5　货架区域划分示意图

　　当算例规模变大,CPLEX 不能在有限时间内求出算例的最优解。为了评价 ACGA 的求解效率,本章将所提出的 ACGA 与 TGA 对比。两种算法采用相同的编码方式、适应度函数和终止准则,TGA 在种群初始化步骤中随机选择入库 I/O 站,$P_c = 0.9$,$P_m = 0.1$。两种算法参数设置见表 6-2。

表 6-2　算法参数设置

参数	取值
POP	30,30,30,40,40,50,60,70,80,90
End	10,10,15,15,15,15,20,20,20,20
F	10,10,10,20,20,20,30,30,30,30
$K_{\max}$	30,30,50,50,80,80,100,100,150,180
γ^*	20,20,20,30,30,35,40,55,60,70

6.4.2　结果分析

本章调用两种算法对每组算例进行 10 次随机试验,记录所得最优目标值、解的均值与求解平均时间。调用 CPLEX12.6 求解 MILP 模型,记录所得全局最优解或在 8 h 内所得松弛最优解。表 6-3 给出了算例的计算结果。设 Gap 代表 ACGA 求解结果 C_{ACGA} 与 CPLEX 求解结果 C_{CPLEX} 的偏差,其计算方式为 $Gap=(C_{ACGA}-C_{CPLEX})/C_{CPLEX}$,dev 代表 C_{ACGA} 与 TGA 的求解结果 C_{TGA} 的偏差,其计算方式为 $dev=(C_{ACGA}-C_{TGA})/C_{TGA}$。

由表 6-3 可见,CPLEX 可求得算例 1、算例 2 和算例 3 等较小规模算例的最优解,但是对于较大规模算例,难以在 8 h 内求得精确解。而 ACGA 也可求得较小规模算例的最优解。对于较大规模算例,ACGA 可在较短时间内求得相较于 CPLEX 更优的结果。ACGA 与 CPLEX 求得结果的平均偏差为 1.20%,说明 ACGA 可有效求解大规模算例。ACGA 与 TGA 求解结果的平均偏差为 10.99%,尤其对于算例 8 至算例 10 等较大规模算例,两种算法求得结果平均偏差为 16.39%。说明相较于 TGA,ACGA 的求解能力显著。然而,由于本章对 TGA 进行了改进,使得 ACGA 的求解时间更长,但总体认为其求解速度是可以接受的。为了直观地体现本章所构建的 MILP 以及所提算法求得的解是可行的,即两辆 RGV 在入库过程中无碰撞,本章给出 CPLEX 求解算例 2 的最优解和 ACGA 求解算例 4 的最优解(详见表 6-4、表 6-5)以及最优解的时间运行图(详见图 6-6、图 6-7)。图中虚线表示 RGV 为空运送,实线表示 RGV 为载货运送,横线表示 RGV 装卸货物。

图 6-6、图 6-7 中两辆 RGV 的运行轨迹无交叉,说明两辆 RGV 未发生碰撞,证明所提模型与算法是可行的。

表 6-3 算例求解结果

算例	CPLEX		TGA			ACGA			Gap	dev
	全局最优解或松弛解最优解	平均时间/s	最优目标值	均值/s	平均时间/s	最优目标值/s	均值/s	平均时间/s		
1	75.75	0.36	75.75	75.95	0.40	75.75	75.75	0.63	0	−0.26%
2	94.00	19.88	94.75	98.95	0.47	94.00	94.00	0.81	0	−5.00%
3	110.50	23.05	114.75	117.25	0.62	110.50	110.50	1.23	0	−5.76%
4	276.50	*	312.00	315.60	1.32	266.50	271.83	2.50	−1.69%	−13.87%
5	370.50	*	418.00	432.35	1.79	370.50	383.20	3.47	3.43%	−11.37%
6	511.25	*	551.50	563.50	2.57	466.00	470.93	4.12	−7.88%	−16.43%
7	659.75	*	690.00	701.63	4.76	639.00	645.00	7.15	−2.24%	−8.07%
8	**	*	1 114.50	1 130.18	7.89	976.50	988.53	13.36	**	−12.53%
9	**	*	1 443.25	1 447.63	15.06	1 163.00	1 174.85	25.02	**	−18.84%
10	**	*	1984.00	2 008.75	29.42	1 636.75	1 651.38	48.43	**	−17.79%
平均值									−1.20%	−10.99%

注：＊表示算例未能在 8 h 内求出全局最优解。＊＊表示算例未能在 8 h 内求出全局最优解或松弛解最优解。＊＊＊表示由于计算机硬件限制未能在 8 h 内求出结果。

表 6-4　CPLEX 求解算例 2 的最优解

入库顺序	34,43,35,41,11,32,21,33,31,42
所属车辆	1,2,1,2,1,2,1,2,1,2
对应的 I/O 站	3,1,3,2,3,2,3,1,3,2
RGV 于 I/O 站开始装货时间	0,0,18,19.34.5,35.25,50.5,51.75,66,67
RGV 于 I/O 输送机开始卸货时间	7.75,7.75,25.75,25.75,42.25,42.25,58.75,58.75,73.75,73.75

表 6-5　ACGA 求解算例 4 的最优解

入库顺序	302,606,605,101,304,601,203,602,303,607,201,308,106,603,204,310,103,402,104,309,102,502,202,604,306,501,305,503,105,401,301,307
所属车辆	1,2,2,1,1,2,1,2,1,2,1,2,1,2,1,2,1,2,1,2,1,2,1,2,1,2,1,2,1,2,1,2
对应的 I/O 站	3,5,5,3,3,5,2,5,3,5,3,3,2,3,2,3,1,3,1,3,1,3,2,5,3,4,2,5,2,4,3,4
RGV 于 I/O 站开始装货时间	0,0,12,12.5,31,33.5,45.25,50,59.5,65,71.5,85,85.75,97,100.25,119.5,115.5,131.5,129.5,147,144.5,159,159.75,176.5,174,191.25,188.25,206,204.75,220.75,221.5,234.75
RGV 于 I/O 输送机开始卸货时间	6,6.25,18.75,21.5,37,39.75,51.75,56.25,65.5,71.25,79.25,91,93,108.25,106.75,125.5,122.5,139.25,136.5,153,151.5,168.5,166.25,182.75,180,198,196.5,214,212,227.75,227.5,243.5

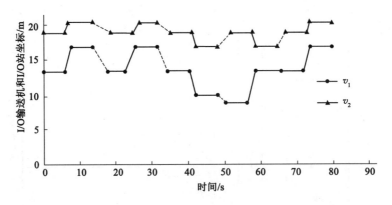

图 6-6　算例 2 时间运行图

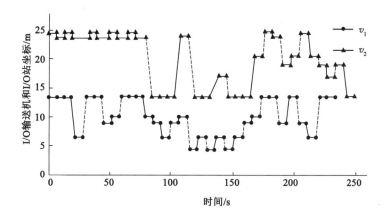

图 6-7　算例 4 时间运行图

6.5　本章小结

本章以生产制造企业 AS/RS 的直线往复 2-RGV 系统入库问题为研究对象,考虑了系统中 RGV 碰撞问题、RGV 与堆垛机协同作业问题以及 I/O 站指派问题。为减少两辆 RGV 在公共区域作业,引入了分区法,以货物入库时间最小化为目标,提出了 RGV 碰撞避免、堆垛机协同作业和 RGV 作业区域划分等约束,构建了直线往复 2-RGV 系统的混合整数规划模型。针对问题的复杂性,设计了 ACGA 用于求解,并应用 ABC 分类法对算例中货物入库货位进行分配。最后,为了评价算法的有效性,将 ACGA 与 TGA 和 CPLEX 的求解结果进行对比分析。算例试验结果表明,与 TGA 和 CPLEX 求解结果相对比,ACGA 求出的货物入库时间分别平均节省了 10.99% 和 1.20%,且 ACGA 的求解时间在可接受范围内,说明提出的自适应灾变遗传算法对求解该问题的可行性与有效性。这对于现实中的 AS/RS 中直线往复 RGV 系统入库调度问题具有一定的指导意义。

7 分区模式下环形 2-RGV 系统优化 调度研究

7.1 引言

环形穿梭车系统以其低能耗、高性能的特点在自动化立体仓库中得到了广泛应用。对于某些应急物资 AS/RS 而言（AS/RS 布局如图 7-1 所示），物料一旦入库，日常便不会产生较大数量的入库作业，但自然灾害发生后，需在短时间内进行大量的出库作业任务。因此，本章只研究 AS/RS 出库过程中的环形 RGV 系统调度问题，并将环形轨道上两辆 RGV 的调度问题记为 2-RGV 调度问题。在环形 2-RGV 系统中，两辆 RGV 在相同轨道上沿同一方向运行，这种工作特点决定了两辆 RGV 在物料搬运过程中易因路径重叠而导致碰撞和无效等待等问题。由于环形 2-RGV 系统发生上述问题的情况较为复杂，采用分区

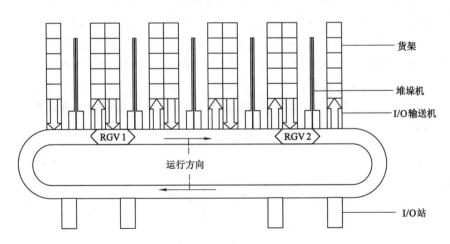

图 7-1 应急物资立体仓库布局

模式均衡 RGV 运量时,RGV 可以以相同的频率在不同区域作业,有效减少了 RGV 间的碰撞和相互等待,一定程度上提高了 RGV 系统作业效率。但在分区模式下,若 RGV 调度不合理或 RGV 与堆垛机协调不当,易导致 RGV 在分区临界点相互碰撞和无效等待,制约了 AS/RS 的物料搬运效率。如何选择分区临界点,通过合理调度避免 RGV 碰撞,减少 RGV 无效等待,提高 RGV 与堆垛机的协同作业效率,进而以最短时间完成应急物资的出库作业,成为研究分区模式下环形 2-RGV 系统调度需要解决的关键问题。

求解组合优化问题的方法主要包括精确方法与近似方法两种,当前针对环形 RGV 系统调度问题的求解方法主要为近似方法。部分学者[48,196]考虑环形 RGV 工作特点,构建了环形 RGV 多目标优化调度模型并应用启发式算法求解。上述文献虽然能为环形 RGV 系统调度模型构建与算法设计提供良好的借鉴,但是所构建的数学模型不能完整描述环形 RGV 系统的运行过程,且无法精确求解。而且,在 RGV 调度的同时,未考虑 RGV 与堆垛机协同作业等问题。

此外,对环形 RGV 系统调度问题的研究还集中在调度规则、动态调度[197]和死锁问题[42-43]等方面。上述文献采用调度策略进行 RGV 调度,虽然降低了计算的复杂性,提供一组可行解,但缺乏对调度问题整体性能的把握。因此,本章从环形 RGV 系统的运行过程出发,构建分区模式下环形 2-RGV 系统的混合整数线性规划模型以精确求解该问题。

综上可知,本章研究分区模式下应用于 AS/RS 的环形 2-RGV 系统的优化调度问题,基于分区思想对 RGV 装、卸物料作业区域进行划分,综合考虑 RGV 碰撞避免、减少 RGV 无效等待以及 RGV 与堆垛机的协同调度,以物料总出库时间最小化为目标,构建该问题的混合整数线性规划模型。由于问题较为复杂,当规模变大时,难以在较短时间内对问题精确求解,本章提出混合自适应遗传算法(hybrid adaptive genetic algorithm,简称 HAGA)求解该问题,并给出问题的下界。最后,通过算例试验验证算法的有效性。

7.2　问题描述与优化调度模型

7.2.1　问题描述

本章研究的应急物资 AS/RS 物料存储区有 m 条巷道,每条巷道两侧各有一排多层货架,由一台堆垛机服务(AS/RS 布局详见图 7-1)。设轨道左下端点为坐标原点,左侧竖直轨道为 y 轴,下侧水平轨道为 x 轴。分区思想为:以轨道上某点为界将物料存储区分成两个区域同时将 I/O 站也分成两个区域,RGV1

将左侧货架中的物料运送至右侧 I/O 站区域,RGV2 将右侧货架中的物料运送至左侧 I/O 站区域。将 RGV 从物料存储区取货并搬运至 I/O 站卸载的过程定义为一个 RGV 运送。待出库物料先由堆垛机于货位中取出并运送至 I/O 输送机,而后由指定的 RGV 前往该输送机装载物料并运送至 I/O 站出库。若此时该 RGV 正执行其他出库任务,则堆垛机暂停作业直至 RGV 取走物料。若 RGV 空闲而堆垛机尚未完成拣货任务,则 RGV 于输送机处等待。由于两辆 RGV 沿顺时针方向运行且不能相互越过,若某一 RGV 正访问某一位置时,为避免发生碰撞,即将通过该位置的 RGV 需保持安全距离等待。通过合理安排物料出库顺序以及 RGV 与堆垛机协同作业的顺序,可减少这些无效等待。

7.2.2 基本假设

该环形 2-RGV 系统调度问题必须满足以下基本假设:

(1) 每个货格、堆垛机、RGV 和 I/O 输送机的容量均为 1 个单位。

(2) 每个 I/O 输送机和 I/O 站同一时间只能接待一辆 RGV。

(3) RGV 匀速行驶,且 RGV 在执行载货运送和空行驶时的速度是恒定的。

(4) 堆垛机从相邻两个货位里拣取物料所需的时间间隔设为定值 σ。

(5) 0 时刻两辆 RGV 在保持安全距离内可以在轨道的任意位置,且所有巷道口 I/O 输送机上没有物料,所有堆垛机均可开始拣货。

7.2.3 变量设置

NUM——待出库物料总数;

m——巷道数;

N——I/O 站个数;

a,b——巷道编号,$a,b=1,\cdots,m$;

n_a——巷道 a 两侧货架上出库物料的数量;

e——I/O 站编号,$e=1,\cdots,N$;

v——RGV 编号,$v=1,2$;

j,k——任意巷道 a 内待出库物料编号,$j,k=1,\cdots,n_a$;

V——RGV 平均速度;

y——环形轨道的纵向长度;

x——环形轨道的横向长度;

(x_a,y)——I/O 输送机 a 的位置;

$(x_e,0)$——I/O 站 e 的位置;

M——一个很大的正整数；

t_{ae}——RGV 从 I/O 输送机 a 行驶到 I/O 站 e 即 RGV 载货行驶的时间；

t_{ea}——RGV 从 I/O 站 e 行驶到下一个 I/O 输送机 a 即 RGV 空行驶的时间；

r_{aj}——堆垛机拣取物料所需的时间；

u——RGV 装载或卸载物料所需平均时间；

θ——两辆 RGV 之间的安全距离；

(x_{aj}^{s}, y_{aj}^{s})——开始运送 aj 的坐标；

(x_{aj}^{c}, y_{aj}^{c})——完成运送 aj 的坐标；

R_{aj}——RGV 运送物料 J_{aj} 时的开始时间；

C_{aj}——物料 J_{aj} 出库完成时间；

$C_{\max}$——所有运送中最晚完成的运送的完成时间；

$$S_{aji} = \begin{cases} 1 & \text{巷道 } a \text{ 两侧货架第 } i \text{ 次出库物料为 } J_{aj} \\ 0 & \text{其他} \end{cases};$$

$$g_{ajv} = \begin{cases} 1 & \text{运送 } aj \text{ 由穿梭车 } v \text{ 执行} \\ 0 & \text{其他} \end{cases};$$

$$w_{aje} = \begin{cases} 1 & \text{物料 } J_{aj} \text{ 被运送至 I/O 站 } e \\ 0 & \text{其他} \end{cases};$$

$$h_{aj,bk}^{ss} = \begin{cases} 1 & \text{若运送 } aj \text{ 早于 } bk \text{ 开始} \\ 0 & \text{其他} \end{cases};$$

$$h_{aj,bk}^{cc} = \begin{cases} 1 & \text{若运送 } aj \text{ 早于 } bk \text{ 完成} \\ 0 & \text{其他} \end{cases};$$

$$f_{aj,bk}^{cc} = \begin{cases} 1 & \text{若运送 } aj \text{ 完成位置在 } bk \text{ 完成位置右侧} \\ 0 & \text{其他} \end{cases}。$$

7.2.4　目标函数

以分区模式下环形 2-RGV 系统的物料总出库时间最小化为目标，目标函数表示为：

$$\text{Min } C_{\max} \tag{7-1}$$

7.2.5　约束条件

（1）运送顺序约束

$$R_{bk} - R_{aj} \leqslant M \times h_{aj,bk}^{ss} \tag{7-2}$$

$$h_{aj,bk}^{ss} + h_{bk,aj}^{ss} = 1 \tag{7-3}$$

$$C_{bk} \geqslant C_{aj} + M(h_{aj,bk}^{cc} - 1) \tag{7-4}$$

$$h_{aj,bk}^{cc} + h_{bk,aj}^{cc} = 1 \tag{7-5}$$

约束(7-2)至(7-5)保证变量 $h_{aj,bk}^{ss}$, $h_{aj,bk}^{cc}$ 的正确定义。

(2) 堆垛机与 RGV 协同作业约束

$$\sum_{i=1}^{n_a} S_{aji} = 1 \quad a = 1, \cdots, m; j = 1, \cdots, n_a \tag{7-6}$$

$$\sum_{j=1}^{n_a} S_{aji} = 1 \quad a = 1, \cdots, m; i = 1, \cdots, n_a \tag{7-7}$$

$$R_{aj} \geqslant r_{aj} + M(S_{aj1} - 1) \quad a = 1, \cdots, m; j = 1, \cdots, n_a \tag{7-8}$$

$$R_{aj} \geqslant r_{aj} + R_{ah} + M(S_{aji} + S_{ah,i-1} - 2) \tag{7-9}$$

$$a = 1, \cdots, m; i, j, h = 1, \cdots, n_a; h \neq j; i \neq 1$$

约束(7-6)和(7-7)给出了堆垛机容量约束。约束(7-8)限制巷道 a 两侧第一个出库的物料 J_{aj} 最早运送开始时间为 r_{aj}。约束(7-9)保证堆垛机有充足时间拣取物料。

(3) 单辆 RGV 的运送约束

$$\sum_{v=1}^{2} g_{ajv} = 1 \quad a = 1, \cdots, m; j = 1, \cdots n_a; v = 1,2 \tag{7-10}$$

$$\sum_{e=1}^{N} w_{aje} = 1 \quad a = 1, \cdots, m; j = 1, \cdots, n_a \tag{7-11}$$

$$C_{aj} \geqslant R_{aj} + \frac{2x - x_{aj}^s + y_{aj}^s - x_{aj}^c}{V} + 2u \quad a = 1, \cdots, m; j = 1, \cdots, n_a \tag{7-12}$$

$$R_{bk} \geqslant R_{aj} + \sum_{e=1}^{N} t_{ae} w_{aje} + \sum_{e=1}^{N} t_{eb} w_{aje} + 2u + M(g_{ajv} + g_{bkv} + h_{aj,bk}^{ss} - 3) \tag{7-13}$$

$$C_{aj} \leqslant C_{max} \quad a = 1, \cdots, m; j = 1, \cdots, n_a \tag{7-14}$$

约束(7-10)与(7-11)保证每件物料只能由一个 RGV 运送至一个 I/O 站。约束(7-12)给出 RGV 一次运送完成时间的下界。约束(7-13)为同一辆 RGV 连续两次运送且先运送物料 J_{aj} 时,保证 RGV 完成运送 aj 后有充足时间行驶至运送物料 J_{bk} 的开始位置。约束(7-14)强制令 C_{max} 等于 C_{aj} 的最大值。

(4) 运送起止位置约束

根据本章的坐标系构建方法,RGV 开始运送的位置为输送机 a 的位置 (x_a, y),完成运送的位置为 I/O 站 e 的位置 $(x_e, 0)$。那么,有以下运送起止位置约束:

$$x_{aj}^{s} = x_a \quad a = 1, \cdots, m; j = 1, \cdots, n_a \tag{7-15}$$

$$y_{aj}^{s} = y \quad a = 1, \cdots, m; j = 1, \cdots, n_a \tag{7-16}$$

$$x_{aj}^{c} = \sum_{e=1}^{N} x_e w_{aje} \quad a = 1, \cdots, m; j = 1, \cdots, n_a \tag{7-17}$$

$$y_{aj}^{c} = 0 \quad a = 1, \cdots, m; j = 1, \cdots, n_a \tag{7-18}$$

约束(7-15)和(7-16)定义运送 aj 的开始位置。约束(7-17)和(7-18)定义运送 aj 的完成位置。

（5）分区约束

根据本章的分区思想对物料存储区与 I/O 站进行划分,记 v_1 代表 RGV 1, v_2 代表 RGV 2。记 J_{aj} 与 J_{bk} 为分界点两侧不同物料,假设 J_{aj} 由 v_1 运送,J_{bk} 由 v_2 运送,则有以下分区约束:

$$x_{aj}^{c} - x_{bk}^{c} \geqslant M(f_{aj,bk}^{cc} - 1) \tag{7-19}$$

$$f_{aj,bk}^{cc} + f_{bk,aj}^{cc} = 1 \tag{7-20}$$

$$x_{aj}^{s} \leqslant x_{bk}^{s} + M(2 - g_{ajv1} - g_{bkv2}) \tag{7-21}$$

$$x_{bk}^{c} \leqslant x_{aj}^{c} + M(3 - g_{ajv1} - g_{bkv2} - f_{aj,bk}^{cc}) \tag{7-22}$$

约束(7-19)至(7-22)给出了限制两辆 RGV 取货位置与卸货位置的分区约束。当两车位置不变,交换 J_{aj} 与 J_{bk} 的位置,以上约束仍成立,因此已考虑所有可能的约束。

（6）碰撞避免约束

由于两辆 RGV 不得于同一时间访问同一位置。因此,当分区临界点位于堆垛机位置或 I/O 站位置时,若两辆 RGV 同时访问分区临界点则发生碰撞。为避免碰撞,当两辆 RGV 访问同一输送机或 I/O 站时,应保证 v_2 装卸物料完成并驶出安全距离后 v_1 方可到达同一位置装卸物料。那么,有以下分界点碰撞避免约束:

$a = b$ 时,J_{bk} 先开始:

$$R_{aj} \geqslant R_{bk} + u + \frac{\theta}{V} + M(g_{ajv1} + g_{bkv2} + h_{bk,aj}^{ss} - 3) \tag{7-23}$$

J_{aj} 与 J_{bk} 完成位置横坐标相等时,J_{bk} 先完成:

$$C_{aj} \geqslant C_{bk} + u + \frac{\theta}{V} + M(g_{ajv1} + g_{bkv2} + h_{bk,aj}^{cc} + f_{bk,aj}^{cc} - 4) \tag{7-24}$$

结合约束(7-20),约束(7-23)和(7-24)避免两辆 RGV 在分区临界点发生碰撞。

7.3 求解算法

凭借强大的全局搜索能力和高效的收敛速度,自适应遗传算法能有效求解组合优化问题,但易陷入局部最优[78,198]。通过可行解结构变化的方式引入新的基因片段,能够有效缓解算法的早熟现象[199]。因此,本章采用一种 S-自适应遗传算法[164]求解该问题,引入变邻域搜索算法(variable neighborhood search,简称 VNS)对子代种群中最高适应值染色体进行改进,以提高算法的局部搜索能力。下面给出混合自适应遗传算法(HAGA)的详细过程。

(1) 染色体编码及可行解构造

根据问题特征,采用三层自然数编码表示染色体,如图 7-2 所示。染色体第一层表示物料运送序列编码。对每个出库物料按 1 至 NUM 编号,如物料 J_{aj} 编号为 i,第一层编码中自然数 i 代表执行物料 J_{aj} 的出库任务。记 v_1 作业量为 B($B \in [\lfloor NUM/2 \rfloor, \lfloor NUM/2 \rfloor + 1]$)。根据第一层物料编码判断物料所属区域,确定执行该物料运送任务的 RGV 编号车辆以及第三层出库区域中的一个 I/O 站编号。

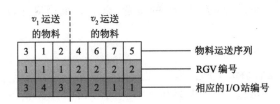

图 7-2 染色体编码方案

(2) 种群初始化与适应度评估

本章随机生成初始种群,在种群初始化时考虑分区约束和单 RGV 运送约束,记种群规模为 P。首先,生成物料运送序列。基于分区思想寻找最佳分区临界点,确定两辆 RGV 各自需运送的物料,将两辆 RGV 需运送的物料编码分别随机排列。其次,为每件物料随机选择对应 I/O 站区域内的一个 I/O 站。

参照文献[200]选择目标函数的倒数作为适应度函数 $f(x)$,计算方式如下:

$$f(x) = 1/C_{max} \tag{7-25}$$

(3) 选择策略

采用轮盘赌与精英保留相结合的选择策略。首先,选择当前种群中最高适应值的染色体,直接保留至下一代。其次,将父代中染色体利用轮盘赌选择策略拣取部分个体进入交配池,设代沟 Gap=0.6。

（4）自适应遗传算子

根据交叉概率 P_c 随机选择交配池中两染色体进行两点交叉,即随机选择需要交叉的两个染色体的两个基因位置,将两个基因间的基因片段互换。

根据变异概率 P_m 对三个维度的基因采用不同的变异方式,具体变异步骤为:

第 1 步:若 NUM 为奇数,则将分界点 B 替换为取值区间内其他值。

第 2 步:对两辆 RGV 分别负责的基因片段采用两点互换变异算子。随机选择 v_1 负责的基因片段内两个位置的基因进行互换,对 v_2 负责的基因片段采用相同的变异方式。

第 3 步:随机选择每一 I/O 站所属 I/O 站区域内的其他 I/O 站。

P_c 与 P_m 的计算公式如下:

$$P_c = \begin{cases} k_1 \sin\left(\dfrac{\pi}{2} \cdot \dfrac{f_{\max} - f'}{f_{\max} - f_{\mathrm{avg}}}\right) & f' > f_{\mathrm{avg}} \\ k_2 & f' \leqslant f_{\mathrm{avg}} \end{cases} \tag{7-26}$$

$$P_m = \begin{cases} k_3 \sin\left(\dfrac{\pi}{2} \cdot \dfrac{f_{\max} - f}{f_{\max} - f_{\mathrm{avg}}}\right) & f > f_{\mathrm{avg}} \\ k_4 & f \leqslant f_{\mathrm{avg}} \end{cases} \tag{7-27}$$

式中,$f_{\max}$ 与 f_{avg} 分别表示种群中最大适应值与平均适应值;f' 表示相互交叉的两个染色体中较大适应值;f 表示被选择染色体的适应值;取 $k_1, k_2 = 1, k_3, k_4 = 0.5$。

（5）基于变邻域搜索的局部改进

基于 VNS 选择 two-opt-swap、relocate 和 two-h-opt-swap 三种邻域结构对子代种群中每个最高适应值的染色体进行邻域搜索,邻域结构具体如图 7-3 所示。

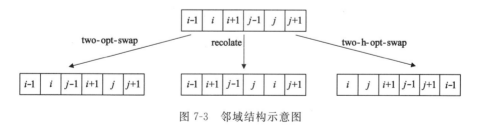

图 7-3 邻域结构示意图

以其中某一染色体 x^* 为例,记当前最优个体 $x^{\mathrm{Best}} = x^*$,当前最优值

$f(x^{\text{Best}})=f(x^*)$。对两个 RGV 作业区域内的物料编码分别进行邻域搜索,重复 Q 次。记该 Q 个染色体的最高适应值为 $f(x'')$,相应的可行解为 x''。比较 $f(x'')$ 与 $f(x^{\text{Best}})$,若 $f(x'')>f(x^{\text{Best}})$,则更新子代种群中原染色体 $x^{\text{Best}}=x''$,并在当前邻域内继续搜索,直至达到邻域内最大迭代次数。若 $f(x'')\leqslant f(x^{\text{Best}})$,则判断是否达到邻域搜索终止准则,若尚未终止,则切换至下一邻域。

(6)终止准则与算法流程

变邻域搜索有两种终止准则:第一种为达到邻域内最大迭代次数 $I_{\max}$;第二种为遍历全部邻域结构,两种终止准则满足其一则终止搜索。HAGA 终止准则为最优解连续 I_{end} 代未改进,则算法终止。

图 7-4 为算法流程。

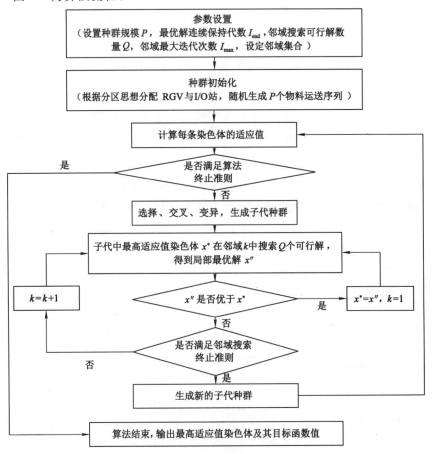

图 7-4　算法流程图

7.4　下界

为评价所提出的 HAGA 的有效性,本章给出目标函数的下界 LB:

$$LB = 2\lceil NUM/2 \rceil \left(\frac{x+y}{V}+u\right) - \frac{2x+2y-\tau}{V} -$$

$$(NUM - 2\lfloor NUM/2 \rfloor)\frac{|d_1-d_2|}{V} + r_m \qquad (7\text{-}28)$$

式中,τ 表示 RGV 运送第一件物料的行驶距离;d_1 表示 I/O 站分区临界点左侧距离 v_2 取货区域最近的 I/O 站的位置;d_2 表示 I/O 站分区临界点右侧距离 v_1 取货区域最近的 I/O 站的位置;$r_B = \min\{r_1, r_2, \cdots, r_B\}$,$r_n = \min\{r_{B+1}, r_{B+2}, \cdots, r_{NUM}\}$,$r_m = \max\{r_B, r_n\}$。

在环形 RGV 系统分区模式下,物料总出库时间为两辆 RGV 执行各自运送任务总时间的最大值。制约物料总出库时间的关键为 RGV 等待时间,其中包括 RGV 相互等待的时间和等待堆垛机的时间。在忽略 RGV 不必要等待的情况下,问题的下界必定不超过问题的最优解。因此,从 RGV 作业与堆垛机作业两个方面入手对下界 LB 进行分析:

(1) RGV 作业分析。最终完成物料运送任务的 RGV 的作业时间为完成所有运送的总时间减去可节约的时间。计算完成所有运送的总时间需考虑 RGV 运送物料的数量和作业时间。在运量均衡时,一辆 RGV 运送物料的数量为 $\lceil NUM/2 \rceil$。在不考虑 RGV 相互等待的情况下,RGV 完成每项运送都需绕轨一周,则 RGV 完成一个运送的时间至少为 $\frac{2x+2y}{V}+2u$。因此,一辆 RGV 完成所有运送的总时间为 $2\lceil NUM/2 \rceil\left(\frac{x+y}{V}+u\right)$。假设 RGV 初始位置为第一件运送物料对应的输送机位置,与其他运送相比,RGV 第一件运送任务无须绕轨道一周,可节约时间为 $\frac{2x+2y-\tau}{V}$。若 NUM 为奇数,即 $NUM = 2\lfloor NUM/2 \rfloor + 1$ 时,最后一件出库物料可由 v_2 运送至 d_2 位置的 I/O 站出库,可节约 v_2 由 d_1 行驶至 d_2 的时间为 $\frac{|d_1-d_2|}{V}$。因此,RGV 可节约时间为 $\frac{2x+2y-\tau}{V}+(NUM-2\lfloor NUM/2 \rfloor)\frac{|d_1-d_2|}{V}$。由上述分析可知,RGV 的作业时间至少为 $2\lceil NUM/2 \rceil\left(\frac{x+y}{V}+u\right)-\frac{2x+2y-\tau}{V}-(NUM-2\lfloor NUM/2 \rfloor)\frac{|d_1-d_2|}{V}$。

(2) 堆垛机作业分析。只有堆垛机将物料拣取至输送机后,RGV 方可执行物料装载任务。因此,RGV 首次运送最早开始时间不早于 r_m。通过忽略 RGV 执行其他运送等待堆垛机的时间,则 RGV 执行所有运送的等待时间不小于 r_m。

通过上述分析可知,RGV 完成所有物料出库任务的时间必然不小于

$$2\lceil \text{NUM}/2 \rceil \left(\frac{x+y}{V} + u \right) - \frac{2x + 2y - \tau}{V} - (\text{NUM} - 2\lfloor \text{NUM}/2 \rfloor) \frac{|d_1 - d_2|}{V} + r_m,\text{即}$$

式(7-28)为问题的下界。

7.5 算例试验

7.5.1 算例设计及参数设置

根据某应急物资 AS/RS 设置仓库布局参数,设计 15 组不同规模的算例以检验所提出的 HAGA 的有效性。该研究问题为静态调度问题,所有算例数据在开始调度之前设计生成,之后,对出库过程的作业顺序进行调度。巷道 a 两侧货架中货格 k 中物料的拣取时间为 $r_{ak} = r_{a1} + (k-1)\sigma$。算例中各参数取值为:$x = 25$ m,$y = 6$ m,$\theta = 1.5$ m,$V = 2$ m/s,$r_{a1} = 15$ s,$u = 10$ s,$\sigma = 1.5$ m,$x_a = \{3,6,9,12,15,18,21,24\}$,$x_e = \{4,9,14,19\}$。

表 7-1 给出了算例规模及参数,其中等规模、小规模算例的出库物料仅出自 2 至 6 号巷道两侧的货架。所有算例分别使用 CPLEX12.5 与 HAGA 求解,算法编程基于 MATLAB 2016a 实现,在 2.60 GHz CPU,4 GB 内存,Windows 10 操作系统环境下运行。

表 7-1 算例规模设置

算例		m	N	n_a	NUM
小规模算例	S1	6	4	0,1,2,1,1,1	6
	S2	6	4	1,1,2,1,1,1	7
	S3	6	4	1,1,3,1,1,1	8
	S4	6	4	1,1,4,1,1,1	9
中等规模算例	M1	8	4	3,6,4,10,3,3,4,5	38
	M2	8	4	3,10,2,3,15,3,11,4	51
	M3	8	4	8,9,8,17,6,3,12,4	67
	M4	8	4	10,3,14,27,2,6,13,6	81
	M5	8	4	12,18,6,8,38,20,16,8	122

表 7-1(续)

算例		m	N	n_a	NUM
大规模算例	L1	8	4	10,6,16,9,11,50,28,24	154
	L2	8	4	26,34,15,50,10,14,40,12	201
	L3	8	4	30,32,38,50,26,32,25,27	260
	L4	8	4	37,63,38,100,35,22,39,42	376
	L5	8	4	64,47,27,35,150,74,51,48	496
	L6	8	4	39,122,31,200,41,41,53,57	584

7.5.2 结果分析

调用 HAGA 对每组算例进行 10 次随机试验,记录试验 HAGA 所得最好解、解的均值与求解平均时间。同时,调用 CPLEX12.5 求解混合整数线性规划模型。随着问题规模变大,CPLEX 不能在较短时间内求出一些问题的最优解,将中等规模算例的 CPLEX 计算时间设为 12 h,大规模算例的 CPLEX 计算时间设为 24 h,并记录 CPLEX 在计算时间内求出的最优解或最好解。记 R_{CPLEX} 为 CPLEX 所得最好解,R_{HAGA} 为相应算例 HAGA 求得的解的均值。为了评价算法的有效性,还将 HAGA 与一般变邻域搜索算法进行对比,其邻域结构也使用本章所提出的 two-opt-swap、relocate 和 two-h-opt-swap 三种邻域结构,终止准则为最优解连续 I_{end} 代未改进则算法终止。表 7-2 给出了两种算法的参数设置。表 7-3 给出了问题下界、CPLEX、HAGA 与 VNS 计算结果。

表 7-2 算法参数设置

参数	取值
I_{end}	10,10,10,15,15,20,20,30,30,30,50,50,80,100
I_{max}	10,10,10,10,20,20,20,50,50,50,100,100,100,150,150
种群规模或邻域搜索解的个数	10,10,10,20,50,30,50,50,80,80,100,100,150,150,200

表 7-3 中 R_{VNS} 为 VNS 求得的解的均值。gap_1、gap_2、dev 分别表示 R_{HAGA} 与 R_{CPLEX}、R_{VNS}、LB 的偏差,计算方式分别为 $gap_1 = \dfrac{R_{HAGA} - R_{CPLEX}}{R_{CPLEX}}$,$gap_2 = \dfrac{R_{HAGA} - R_{VNS}}{R_{VNS}}$,$dev = \dfrac{R_{HAGA} - LB}{LB}$。

表7-3 算例计算结果对比

算例	LB	CPLEX		VNS			HAGA			gap_1 /%	gap_2 /%	dev /%
		最好解	时间 /s	最优解或最好解	均值	平均时间 /s	最优解或最好解	均值	平均时间 /s			
S1	154.0	155.5	0.22	155.50	155.50	0.41	155.5	155.5	0.16	0	0	0.97
S2	196.0	199.0	0.91	199.00	199.00	0.79	199.0	199.0	0.57	0	0	1.53
S3	208.0	208.0	2.31	208.00	208.00	0.90	208.0	208.0	0.62	0	0	0
S4	247.0	248.5	106.25	248.50	252.00	0.90	248.5	249.2	0.49	0.30	−1.11	0.89
M1	972.0	1 003.5	*	1 014.00	1 042.20	2.22	976.0	978.5	1.45	−2.50	−6.11	0.67
M2	1 323.0	1 343.5	*	1 492.00	1 528.40	2.87	1 361.5	1 397.4	1.80	4.01	−8.57	5.62
M3	1 728.5	1 786.5	*	1 932.50	1 969.80	4.11	1 733.5	1 742.5	2.08	−2.50	−11.54	0.81
M4	2 083.0	2 155.0	*	2 442.50	2 504.30	13.73	2 184.5	2 197.4	6.72	1.97	−12.25	5.49
M5	3 107.5	**	*	3 437.00	3 529.90	24.84	3 152.5	3 203.3	15.08	**	−9.25	3.08
L1	3 925.0	**	*	4 689.50	4 750.80	48.90	4 157.5	4 194.2	23.68	**	−11.72	6.86
L2	5 143.0	**	*	6 009.00	6 102.90	57.12	5 147.5	5 195.1	42.92	**	−14.87	1.01
L3	6 626.5	**	*	7 504.50	7 628.70	75.29	6 785.5	6 814.9	68.47	**	−10.67	2.84
L4	9 584.5	**	*	10 775.25	10 906.00	164.70	9 717.0	9 720.3	130.30	**	−10.87	1.42
L5	12 644.5	**	*	14 117.50	14 233.70	273.20	13 065.0	13 094.5	281.40	**	−8.00	3.56
L6	14 891.5	**	*	18 477.50	18 490.00	497.40	17 275.5	17 296.5	475.00	**	−6.45	16.15
平均值										0.16	−7.43	3.39

注：* 表示CPLEX计算时间为对应规模预设的求解时间。** 表示由于计算机硬件限制未能在预设时间内求出可行解。

（1）HAGA 计算结果与 CPLEX 及下界比较

由表 7-3 可知，HAGA 与下界的偏差在 0～16.15% 之间，平均偏差为 3.39%，均在可接受范围内。对于小规模算例，CPLEX 可求得精确解，HAGA 也可求得最优解。HAGA 求解中等规模、小规模算例所得结果与 CPLEX 的平均偏差为 0.07%，说明 HAGA 可求出较好的结果。而对于大规模算例，CPLEX 不能在较短时间内求出结果，而 HAGA 在这些算例上求解时间均在 8 min 以内，说明与 CPLEX 相比，HAGA 能够在较短时间内求解大规模问题。

（2）HAGA 与 VNS 比较

与 VNS 相比，HAGA 求解小规模算例平均出库时间降低了 0.28%，求解中等规模算例平均出库时间减少了 9.55%，求解大规模算例平均出库时间节省了 10.43%，所有算例的出库时间平均节省了 7.43%。说明相较于 VNS，HAGA 呈现更加良好的性能。

以算例 S4 为例，给出 HAGA 求得的最好解（表 7-4）及最好解的时间运行图（图 7-5）。为了清晰地展现两辆 RGV 未发生碰撞，对坐标原点、I/O 输送机与 I/O 站统一编号。记坐标原点编号为 0，I/O 输送机由左向右依次编号为 1～8，I/O 站由右向左依次编号为 9～12。根据其沿 RGV 运行方向在轨道上距原点的距离确定其在图中纵轴的坐标。记录 RGV 完成一项运送经过各点的时间。图中虚线表示 RGV 为空运送，实线表示 RGV 为载货运送，横线表示 RGV 装卸物料。从图 7-5 可以看出，两辆 RGV 始终一前一后保持一定距离运行，未产生相互等待或碰撞。

表 7-4 算例 S4 的 HAGA 所求得的最好解

项目	取值
出库顺序	$J_{51}, J_{41}, J_{71}, J_{21}, J_{43}, J_{31}, J_{61}, J_{42}$
所属车辆	2,1,2,1,2,1,2,1
对应的 I/O 站	2,4,1,3,2,3,2,4
RGV 于 I/O 输送机开始装货时间	18,22.5,70.5,72,118.5,123,172.5,175.5
RGV 于 I/O 站开始卸货时间	44,45,97.5,98.5,146,149.5,197,198

综上可知，本章建立的分区模式下环形 2-RGV 系统调度问题的混合整数线性规划模型在保证 RGV 与堆垛机协同作业的同时可有效避免 RGV 的碰撞冲突，减少 RGV 无效等待。本章提出的 HAGA 能够求出小规模算例的最优解或近似最优解，能在较短时间内求出大规模算例质量较好的解。

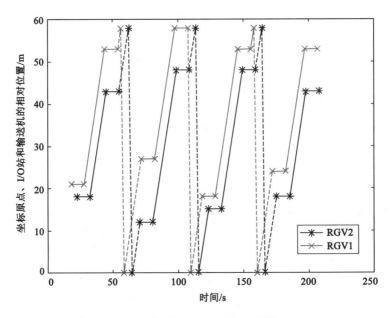

图 7-5　算例 S4 的时间运行图

7.6　本章小结

在分区模式下的环形 2-RGV 系统中,两辆 RGV 可以同频率在各自区域内装卸物料,完成物料搬运,有效减少了环形 RGV 系统中 RGV 可能产生碰撞和不必要的相互等待。因此,本章采用分区法研究了环形 2-RGV 系统优化调度问题,针对环形 2-RGV 系统出库过程中存在的 RGV 碰撞、无效等待以及 RGV 与堆垛机协调性差等问题,以最小化物料出库时间为目标,提出了分区约束、碰撞避免约束以及堆垛机作业约束,构建了分区模式下环形 2-RGV 优化调度问题的混合整数线性规划模型。另外,结合问题特性,设计了混合自适应遗传算法用于求解,给出了原问题的一个下界。最后,将 HAGA 的求解结果与下界和 CPLEX 的计算结果进行对比,不同规模算例下出库时间的平均偏差分别为 3.39% 和 0.07%,且 HAGA 求解耗时少于 8 min;与变邻域搜索算法对比,HAGA 在所有算例上的平均出库时间节约了 7.43%,证明提出的 HAGA 能够快速有效地求解该问题。本章的研究结论为环形 RGV 系统调度问题的研究提供了一种方法和途径,也对现实中 AS/RS 调度具有借鉴意义。

8 AS/RS 中环形 2-RGV 系统入库 调度模型与求解算法

8.1 引言

近年来,自动化立体仓库搬运效率的提升成为生产制造系统快速运作的关键。对于生产型 AS/RS 而言,快速生产的货物(物料)需在短时间内存储入库,以避免造成生产线阻塞,影响货物的生产加工效率。作为 AS/RS(布局如图 8-1 所示)搬运系统的重要组成部分,环形穿梭车系统的合理调度对保障货物的入库效率具有重要的影响。因此,本章将环形轨道上两辆 RGV 的调度问题记为 2-RGV 调度问题,并对 AS/RS 中环形 2-RGV 系统入库调度问题进行研究。在环形 2-RGV 系统中,两辆 RGV 沿同一固定方向运行,将货物从入/出库站搬运至入库输送机,然后由堆垛机将入库货物存储于指定货位并返回输送机,进而完成货物的入库搬运任务。但在环形 2-RGV 系统执行入库作业过程中,若 RGV 系统调度不合理,则难以实现两辆 RGV 同频率作业,RGV 与堆垛机也无法协同运作。这些情况极易造成 RGV 与堆垛机相互等待以及 RGV 相互碰撞引起的系统阻塞等问题,严重制约了 AS/RS 的搬运效率。因此,如何通过合理调度,实现两 RGV 同频率作业以及 RGV 与堆垛机的协同运作,提高环形 2-RGV系统的入库作业效率,成为研究 AS/RS 中环形 2-RGV 系统调度急需解决的关键问题。

目前对环形 RGV 系统调度问题的研究较少,且多集中在环形 RGV 系统的调度规则、动态调度和死锁避免等方面。顾红等[48]和江唯等[196]对环形 RGV 系统的运作特点进行分析,构建了环形 RGV 系统调度问题的数学模型并应用近似算法求解。这些研究虽然能对环形 RGV 系统调度模型构建与算法设计提供良好的借鉴,但所构建的数学模型无法用 CPLEX 精确求解,难以保证解的质量。Lee 等[41]基于调度规则构建了 AS/RS 计算机仿真模型,研究了环形轨道

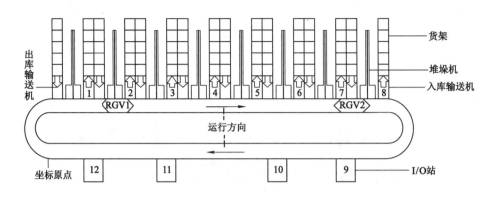

图 8-1　AS/RS 布局示意图

中 RGV 最佳布置数量。对 RGV 动态调度的研究也多采用调度规则,吴长庆等[44]应用双重赋时着色 Petri Net 研究了环形 RGV 动态调度问题,并基于最短路径规则提出了环路 RGV 死锁避免策略;DOTOLI 等[42-43]研究了 AS/RS 中 RGV 的死锁避免问题并提出了相应的 RGV 调度策略;MARTINA 等[201]通过环形穿梭车系统仿真分析,根据货物吞吐量确定搬运系统所需的 RGV 数量。

　　上述研究大多应用近似算法或调度规则对环形 RGV 系统调度问题进行研究,虽然降低了计算的复杂性,提供一组可行解,但缺乏对调度问题整体性能的把握。另外,这些研究极少考虑两辆 RGV 碰撞避免以及 RGV 与堆垛机协同作业等问题。石梦华[202]采用分区法研究了环形 2-RGV 系统出库调度问题,构建了问题的混合整数线性规划模型,设计了变邻域搜索算法求解问题。另有部分学者应用分区法研究了直线往复 2-RGV 系统调度问题。虽然这些研究应用分区法一定程度上对问题进行简化,但是分区模式下的 RGV 调度问题仅需考虑避免 RGV 在分区临界点碰撞,无法对原问题进行完整描述,难以保证全局最优解落在可行域内。

　　有学者对直线往复 RGV 系统调度问题进行了研究[175,181,203]。这些研究为环形 RGV 系统调度问题提供了一定借鉴,但由于直线往复 RGV 系统与环形 RGV 系统在 RGV 运行方向、轨道特点以及输送机与 I/O 站分布等方面均存在较大差异,以致两种不同运作环境中 RGV 的碰撞情况大相径庭。现有研究缺少对环形 RGV 系统中 RGV 碰撞情况的相关分析。

　　综上可知,现有研究针对普遍意义上的环形 2-RGV 系统中 RGV 碰撞问题的研究仍存在不足。针对该问题,本章对 AS/RS 中环形 2-RGV 系统入库调度问题进行研究,通过对环形 RGV 系统中 RGV 的碰撞情况进行分析,以货物总入库时间最小化为目标,考虑同一两辆 RGV 作业、两辆 RGV 碰撞避免以及

RGV 与堆垛机协同作业等约束,构建问题的混合整数规划(MIP)模型以精确求解。结合问题特征,设计相应的启发式算法以求得总入库时间最短的货物运送序列和执行运送任务的 RGV。最后,设计 25 组不同规模的算例以验证算法的有效性。

8.2 问题描述与模型建立

8.2.1 问题描述

在环形 2-RGV 系统中,设环形 RGV 轨道的左下端点为原点,将原点、入库输送机与 I/O 站沿 RGV 的运行方向统一编号,记原点编号为 0。将距离原点水平距离较近的穿梭车记为 RGV1,另一辆为 RGV2(见如图 8-1)。在环形 2-RGV 系统中,两辆 RGV 不能相互越过,当且仅当两辆 RGV 的运行路径发生重叠时,两辆 RGV 会发生碰撞。由于 RGV2 位于 RGV1 前侧,若 RGV1 执行第一件运送任务的时间早于 RGV2,则必定发生碰撞。只有 RGV2 于 I/O 站处装载货物的时间早于或等于 RGV1 时才能避免碰撞。因此,在环形 2-RGV 系统中,RGV2 执行货物搬运任务的优先级高于 RGV1。由于这种 RGV 系统的轨道呈环形,RGV 作业路径发生重叠的情况较为复杂,但导致 RGV 碰撞的原因主要包括:① 当 RGV2 正访问某一位置,且 RGV1 的访问位置编号大于 RGV2 时,RGV1 碰撞 RGV2;② 由于 RGV2 作业优先级较高,造成 RGV2 空跑现象,当 RGV1 正访问某一位置时,RGV2 追击 RGV1。因此,在行驶或停止状态下,两辆 RGV 应适当保持一定安全距离。此外,考虑 RGV 与堆垛机的协同配合,若堆垛机到达输送机处,而 RGV 尚未将货物送达时,堆垛机需在输送机处等待,这些无效等待严重影响货物的入库效率。另外,环形 2-RGV 系统调度问题需确定执行每件入库货物运送任务的 RGV。

本章使用巷道编号与入库货物编号表示一件待入库货物,定义巷道 a 中待入库编号为 c 的货物为货物 J_{ac},将 RGV 由 I/O 站取货并搬运至输送机卸载的过程定义为一个 RGV 运送,将 RGV 由 I/O 站装载货物开始,至堆垛机将货物存入指定货位并返回输送机的过程定义为一个货物完成入库。环形 2-RGV 系统入库调度问题重点解决 3 个相互耦合的子问题:① RGV 碰撞避免与作业优先级问题;② RGV 与堆垛机协同调度问题;③ RGV 指派问题。因此,本章研究的环形 2-RGV 系统入库调度问题的关键在于通过确定合理的货物入库顺序,为每件入库货物指派相应的 RGV,在避免两类 RGV 碰撞情况的同时实现两辆 RGV 同频率运作,RGV 与堆垛机协同作业,减少 RGV 与堆垛机的无效等待时间,实现货物总入库时间最小化。

8.2.2　基本假设

(1) 每个货位、堆垛机和 RGV 的容量均为 1 个单位。

(2) 待入库货物所分配的存储位置已知。

(3) RGV 匀速行驶,且 RGV 在执行载货运送和空行驶时的速度是恒定的。

8.2.3　参数与决策变量说明

在环形 2-RGV 系统执行入库搬运任务前,需要确定巷道集合、入库订单中货物集合以及每件货物的 I/O 站和入库输送机等相关存储订单参数,而后由计算机控制系统指定环形 2-RGV 系统的调度策略。本章相关参数与集合的符号及相应含义如表 8-1 所示,决策变量及相应含义如表 8-2 所示。

表 8-1　参数与集合的符号及相应含义

符号	含义	符号	含义
H	巷道集合	K_{ac}	货物 J_{ac} 开始运送的 I/O 站位置编号
a,b	巷道编号,$a,b \in H$	Y_{ac}	货物 J_{ac} 完成运送的入库输送机位置编号
M	一个很大的正整数	ξ	堆垛机装卸货时间
G_a	巷道 a 中入库货物集合	θ	RGV 行驶通过安全距离的时间
c,d	巷道 a 中货物编号,$c,d \in G_a$	∂	RGV 绕轨道行驶一周的时间
v	RGV 编号,$v=1,2$	u	RGV 装/卸货时间
T_{ac}	巷道 a 内的堆垛机存储货物 J_{ac} 并返回输送机处所需的时间	$t_{K_{ac}Y_{ac}}$	RGV 由货物 J_{ac} 的开始运送位置行驶至其完成位置的时间

表 8-2　决策变量及相应含义

决策变量及含义	决策变量及含义
R_{ac}——RGV 开始运送货物 J_{ac} 的时间	$w_{aci} = \begin{cases} 1 & 货物 J_{ac} 为巷道 a 中堆垛机第 i 次存放的货物 \\ 0 & 其他 \end{cases}$
C_{ac}——RGV 运送货物 J_{ac} 完成的时间	$x_{acv} = \begin{cases} 1 & 货物 J_{ac} 的运送任务由 v 执行 \\ 0 & 其他 \end{cases}$
S_{ac}——货物 J_{ac} 开始存储的时间	$l_{ac} = \begin{cases} 1 & 货物 J_{ac} 为最后完成入库的货物 \\ 0 & 其他 \end{cases}$

表 8-2(续)

决策变量及含义	决策变量及含义
F_{ac}——货物 J_{ac} 完成存储的时间	$y_{ac,bd}^{RC} = \begin{cases} 1 & R_{ac} = C_{bd} - u \\ 0 & 其他 \end{cases}$
Z——所有货物完成入库的总时间	$y_{ac,bd}^{CR} = \begin{cases} 1 & C_{ac} - u = R_{bd} \\ 0 & 其他 \end{cases}$
$y_{ac,bd}^{RR} = \begin{cases} 1 & R_{ac} = R_{bd} \\ 0 & 其他 \end{cases}$	$z_{ac,bd}^{RR} = \begin{cases} 1 & R_{ac} < R_{bd} \\ 0 & 其他 \end{cases}$
$y_{ac,bd}^{CC} = \begin{cases} 1 & C_{ac} = C_{bd} \\ 0 & 其他 \end{cases}$	$z_{ac,bd}^{CR} = \begin{cases} 1 & C_{ac} - u < R_{bd} \\ 0 & 其他 \end{cases}$
$z_{ac,bd}^{RC} = \begin{cases} 1 & R_{ac} < C_{bd} - u \\ 0 & 其他 \end{cases}$	$z_{ac,bd}^{CC} = \begin{cases} 1 & C_{ac} < C_{bd} \\ 0 & 其他 \end{cases}$

8.2.4　数学模型

以环形 2-RGV 系统的最后一件货物的入库完成时间最小化为目标,目标函数表示为:

$$\min Z = \sum_{a \in H} \sum_{c \in G_a} F_{ac} l_{ac} \tag{8-1}$$

相关约束如下:

$$\sum_{v=1}^{2} x_{acv} = 1 \quad a \in H; c \in G_a \tag{8-2}$$

$$R_{bd} - R_{ac} \leqslant M z_{ac,bd}^{RR} \quad a,b \in H; c \in G_a, d \in G_b; a \neq b \text{ 或 } a = b, c \neq d \tag{8-3}$$

$$C_{bd} - C_{ac} \leqslant M z_{ac,bd}^{CC} \quad a,b \in H; c \in G_a, d \in G_b; a \neq b \text{ 或 } a = b, c \neq d \tag{8-4}$$

$$C_{bd} - u - R_{ac} \leqslant M z_{ac,bd}^{RC} \quad a,b \in H; c \in G_a, d \in G_b; a \neq b \text{ 或 } a = b, c \neq d \tag{8-5}$$

$$R_{bd} - C_{ac} + u \leqslant M z_{ac,bd}^{CR} \quad a,b \in H; c \in G_a, d \in G_b; a \neq b \text{ 或 } a = b, c \neq d \tag{8-6}$$

$$z_{ac,bd}^{RR} + z_{bd,ac}^{RR} \geqslant M(x_{acv} + x_{bdv} - 2) + 1 \tag{8-7}$$
$$a,b \in H; c \in G_a, d \in G_b; a \neq b \text{ 或 } a = b, c \neq d$$

$$z_{ac,bd}^{RC} + z_{bd,ac}^{CR} \geqslant M(x_{acv} + x_{bdv} - 2) + 1 \tag{8-8}$$
$$a,b \in H; c \in G_a, d \in G_b; a \neq b \text{ 或 } a = b, c \neq d$$

$$z_{ac,bd}^{CC} + z_{bd,ac}^{CC} \geqslant M(x_{acv} + x_{bdv} - 2) + 1 \tag{8-9}$$
$$a,b \in H; c \in G_a, d \in G_b; a \neq b \text{ 或 } a = b, c \neq d$$

对于任意一件货物 J_{ac}，约束(8-2)保证该货物只能由一辆 RGV 运送。对于任何两个不相同的运送 J_{ac} 和 J_{bd}，约束(8-3)至(8-9)保证变量 $z_{ac,bd}^{RR}$，$z_{ac,bd}^{RC}$，$z_{ac,bd}^{CR}$，$z_{ac,bd}^{CC}$ 的正确定义。约束(8-3)保证当 $z_{ac,bd}^{RR}$ 为 0 时有 $R_{ac} \geqslant R_{bd}$，即货物 J_{bd} 开始运送的时间早于或等于货物 J_{ac} 开始运送的时间；由于惩罚因子 M 是一个很大正整数，当 $z_{ac,bd}^{RR}$ 为 1 时，M 的强制作用使得约束(8-3)恒成立，在实际计算时不起任何作用。约束(8-4)保证 $z_{ac,bd}^{CC} = 0$ 时货物 J_{ac} 在对应的入库输送机卸货完成的时间早于货物 J_{bd} 运送完成的时间。约束(8-5)保证当 $z_{ac,bd}^{RC} = 0$ 时执行货物 J_{bd} 运送任务的 RGV 到达卸货输送机的时间早于货物 J_{ac} 开始运送的时间。约束(8-6)保证当 $z_{ac,bd}^{CR} = 0$ 时货物 J_{bd} 开始运送的时间早于执行 J_{ac} 运送任务的 RGV 到达入库输送机的时间。只有 x_{acv} 和 x_{bdv} 同时为 1 时，即货物 J_{ac} 与 J_{bd} 均由同一辆 RGV 运送时，约束(8-7)至(8-9)保证同一辆 RGV 运送任务的先后次序，否则会产生不可行解。

$$R_{bd} - R_{ac} \leqslant M(y_{ac,bd}^{RR} + z_{ac,bd}^{RR}) - \theta \tag{8-10}$$
$$a,b \in H; c \in G_a, d \in G_b; a \neq b \text{ 或 } a = b, c \neq d$$

$$R_{bd} - C_{ac} + u \leqslant M(y_{ac,bd}^{CR} + z_{ac,bd}^{CR}) - \theta \tag{8-11}$$
$$a,b \in H; c \in G_a, d \in G_b; a \neq b \text{ 或 } a = b, c \neq d$$

$$C_{bd} - u - R_{ac} \leqslant M(y_{ac,bd}^{RC} + z_{ac,bd}^{RC}) - \theta \tag{8-12}$$
$$a,b \in H; c \in G_a, d \in G_b; a \neq b \text{ 或 } a = b, c \neq d$$

$$C_{bd} - C_{ac} \leqslant M(y_{ac,bd}^{CC} + z_{ac,bd}^{CC}) - \theta \tag{8-13}$$
$$a,b \in H; c \in G_a, d \in G_b; a \neq b \text{ 或 } a = b, c \neq d$$

约束(8-10)至(8-13)保证变量 $y_{ac,bd}^{RR}$，$y_{ac,bd}^{RC}$，$y_{ac,bd}^{CR}$，$y_{ac,bd}^{CC}$ 的正确定义。当 $z_{ac,bd}^{RR}$ 为 0 时，表示 $R_{ac} \geqslant R_{bd}$；当 $y_{ac,bd}^{RR}$ 为 0 时，表示 $R_{ac} \neq R_{bd}$，即货物 J_{bd} 开始运送的时间与货物 J_{ac} 开始运送的时间是不相等的。因此，当且仅当 $z_{ac,bd}^{RR}$ 与 $y_{ac,bd}^{RR}$ 均为 0 时，货物 J_{ac} 的运送开始时间晚于 J_{bd} 的开始时间，即 $R_{ac} > R_{bd}$。对于同一辆 RGV 运送的两件入库货物而言，由于 RGV 需经过装卸货时间、由 I/O 站行驶至入库输送机的时间以及 RGV 空行驶时间，则后一项运送任务与前一项运送任务的开始时间之差一定大于 RGV 行驶过安全距离的时间 θ；对于不同 RGV 运送的货物而言，当 $y_{ac,bd}^{RR}$ 为 0 时，两辆 RGV 运送开始时间之差至少应为 θ。因此，考虑到两辆 RGV 碰撞避免和同一辆 RGV 运送任务的先后顺序，只有 $z_{ac,bd}^{RR}$ 与 $y_{ac,bd}^{RR}$ 均为 0 时，约束(8-10)保证当运送 bd 早于运送 ac 开始时，运送 ac 的开始时间至少为运送 bd 的开始时间加上 RGV 行驶过安全距离所需时间 θ。当

$z_{ac,bd}^{\text{CR}}$ 与 $y_{ac,bd}^{\text{CR}}$ 均为 0 时,约束(8-11)表示运送 bd 开始时间早于执行运送 ac 的 RGV 到达对应入库输送机的时间,且至少相差 θ;当 $z_{ac,bd}^{\text{RC}}$ 与 $y_{ac,bd}^{\text{RC}}$ 均为 0 时,约束(8-12)表示执行 bd 运送的 RGV 到达对应入库输送机的时间早于运送 ac 开始时间,且至少相差 θ;当 $z_{ac,bd}^{\text{RC}}$ 与 $y_{ac,bd}^{\text{RC}}$ 均为 0 时,约束(8-13)表示运送 bd 完成的时间早于运送 ac 完成时间,且至少相差 θ。

$$y_{ac,bd}^{\text{RR}} \geqslant M(y_{bd,ac}^{\text{RR}} - 1) + 1 \quad a,b \in H; c \in G_a, d \in G_b; a \neq b \text{ 或 } a = b, c \neq d \tag{8-14}$$

$$y_{bd,ac}^{\text{RR}} \geqslant M(y_{ac,bd}^{\text{RR}} - 1) + 1 \quad a,b \in H; c \in G_a, d \in G_b; a \neq b \text{ 或 } a = b, c \neq d \tag{8-15}$$

$$y_{ac,bd}^{\text{RR}} \leqslant M y_{bd,ac}^{\text{RR}} \quad a,b \in H; c \in G_a, d \in G_b; a \neq b \text{ 或 } a = b, c \neq d \tag{8-16}$$

$$y_{bd,ac}^{\text{RR}} \leqslant M y_{ac,bd}^{\text{RR}} \quad a,b \in H; c \in G_a, d \in G_b; a \neq b \text{ 或 } a = b, c \neq d \tag{8-17}$$

$$y_{ac,bd}^{\text{RC}} \geqslant M(y_{bd,ac}^{\text{CR}} - 1) + 1 \quad a,b \in H; c \in G_a, d \in G_b; a \neq b \text{ 或 } a = b, c \neq d \tag{8-18}$$

$$y_{ac,bd}^{\text{CR}} \geqslant M(y_{bd,ac}^{\text{RC}} - 1) + 1 \quad a,b \in H; c \in G_a, d \in G_b; a \neq b \text{ 或 } a = b, c \neq d \tag{8-19}$$

$$y_{ac,bd}^{\text{RC}} \leqslant M y_{bd,ac}^{\text{CR}} \quad a,b \in H; c \in G_a, d \in G_b; a \neq b \text{ 或 } a = b, c \neq d \tag{8-20}$$

$$y_{bd,ac}^{\text{CR}} \leqslant M y_{ac,bd}^{\text{RC}} \quad a,b \in H; c \in G_a, d \in G_b; a \neq b \text{ 或 } a = b, c \neq d \tag{8-21}$$

$$y_{bd,ac}^{\text{CC}} \geqslant M(y_{ac,bd}^{\text{CC}} - 1) + 1 \quad a,b \in H; c \in G_a, d \in G_b; a \neq b \text{ 或 } a = b, c \neq d \tag{8-22}$$

$$y_{ac,bd}^{\text{CC}} \geqslant M(y_{bd,ac}^{\text{CC}} - 1) + 1 \quad a,b \in H; c \in G_a, d \in G_b; a \neq b \text{ 或 } a = b, c \neq d \tag{8-23}$$

$$y_{ac,bd}^{\text{CC}} \leqslant M y_{bd,ac}^{\text{CC}} \quad a,b \in H; c \in G_a, d \in G_b; a \neq b \text{ 或 } a = b, c \neq d \tag{8-24}$$

$$y_{bd,ac}^{\text{CC}} \leqslant M y_{ac,bd}^{\text{CC}} \quad a,b \in H; c \in G_a, d \in G_b; a \neq b \text{ 或 } a = b, c \neq d \tag{8-25}$$

约束(8-14)至(8-17)保证 $y_{ac,bd}^{\text{RR}}$ 与 $y_{bd,ac}^{\text{RR}}$ 相等。因为 $y_{ac,bd}^{\text{RR}} = 1$ 表示 $R_{ac} = R_{bd}$,$y_{ac,bd}^{\text{RR}} = 0$ 表示 $R_{ac} \neq R_{bd}$,所以,$y_{ac,bd}^{\text{RR}}$ 与 $y_{bd,ac}^{\text{RR}}$ 的表达含义是相同的。由于 M 的强制惩罚作用,约束(8-14)和(8-15)保证 $y_{ac,bd}^{\text{RR}}$ 与 $y_{bd,ac}^{\text{RR}}$ 中有一个变量为 1 时,另一个变量也为 1;约束(8-16)和(8-17)保证 $y_{ac,bd}^{\text{RR}}$ 与 $y_{bd,ac}^{\text{RR}}$ 同时为 0。约束(8-18)至

(8-21)保证 $y^{\mathrm{RC}}_{ac,bd}$ 与 $y^{\mathrm{CR}}_{bd,ac}$ 相等;约束(8-22)至(8-25)保证 $y^{\mathrm{CC}}_{ac,bd}$ 与 $y^{\mathrm{CC}}_{bd,ac}$ 相等。

$$z^{\mathrm{RR}}_{ac,bd} \geqslant M(x_{ac2} + x_{bd1} + y^{\mathrm{RR}}_{ac,bd} - 3) + 1 \qquad (8\text{-}26)$$
$$a,b \in H; c \in G_a, d \in G_b; a \neq b \text{ 或 } a = b, c \neq d$$

$$z^{\mathrm{RC}}_{ac,bd} \geqslant M(x_{ac2} + x_{bd1} + y^{\mathrm{RC}}_{ac,bd} - 3) + 1 \qquad (8\text{-}27)$$
$$a,b \in H; c \in G_a, d \in G_b; a \neq b \text{ 或 } a = b, c \neq d$$

$$z^{\mathrm{CR}}_{ac,bd} \geqslant M(x_{ac2} + x_{bd1} + y^{\mathrm{CR}}_{ac,bd} - 3) + 1 \qquad (8\text{-}28)$$
$$a,b \in H; c \in G_a, d \in G_b; a \neq b \text{ 或 } a = b, c \neq d$$

$$z^{\mathrm{CC}}_{ac,bd} \geqslant M(x_{ac2} + x_{bd1} + y^{\mathrm{CC}}_{ac,bd} - 3) + 1 \qquad (8\text{-}29)$$
$$a,b \in H; c \in G_a, d \in G_b; a \neq b \text{ 或 } a = b, c \neq d$$

$$\sum_{i \in G_a} w_{aci} = 1 \qquad a \in H; c \in G_a \qquad (8\text{-}30)$$

$$\sum_{c \in G_a} w_{aci} = 1 \qquad a \in H; i \in G_a \qquad (8\text{-}31)$$

要表示任意两件货物运送时间的先后关系,需从其均由同一辆 RGV 运送的时间先后[约束(8-7)~约束(8-9)]和其分别由不同 RGV 运送的时间先后两个不同角度进行分析。而当两个货物由不同 RGV 运送时,其运送开始时间和完成时间的先后关系要从两辆 RGV 到达装卸位置的时间不相等[约束(8-10)~约束(8-13)]与到达时间相等两个方面着手分析。当货物 J_{ac} 与货物 J_{bd} 由两辆不同的 RGV 运送,且两辆 RGV 同时到达各自运送货物的装卸位置时,由于 RGV2 作业优先级更高,约束(8-26)和约束(8-29)保证 RGV2 优先装卸货物。当 x_{ac2} 与 x_{bd1} 同时为 1,且 $y^{\mathrm{RR}}_{ac,bd} = 1$ 时,表示货物 J_{ac} 由 RGV2 运送,货物 J_{bd} 由 RGV1 运送,且两辆 RGV 开始运送的时间相同。当上述 3 个变量均为 1 时,约束(8-26)保证 RGV2 优先装载货物 J_{ac}。同理可知,当 x_{ac2}、x_{bd1} 和 $y^{\mathrm{RC}}_{ac,bd}$ 同时为 1 时,约束(8-27)表示 RGV2 优先装载货物 J_{ac};当 x_{ac2}、x_{bd1} 和 $y^{\mathrm{CR}}_{ac,bd}$ 同时为 1 时,约束(8-28)表示 RGV2 优先卸载货物 J_{ac};当 x_{ac2}、x_{bd1} 和 $y^{\mathrm{CC}}_{ac,bd}$ 同时为 1 时,约束(8-29)表示 RGV2 优先卸载货物 J_{ac}。约束(8-30)保证巷道 a 中的堆垛机每次只存储一件货物,约束(8-31)保证每件货物只能被存储一次。

$$C_{ac} \geqslant R_{ac} + t_{K_{ac}Y_{ac}} + 2u \qquad a \in H; c \in G_a \qquad (8\text{-}32)$$

$$R_{bd} \geqslant C_{ac} + t_{Y_{ac}K_{bd}} + M(x_{acv} + x_{bdv} + z^{\mathrm{RR}}_{ac,bd} - 3) \qquad (8\text{-}33)$$
$$a,b \in H; c \in G_a, d \in G_b; a \neq b \text{ 或 } a = b, c \neq d$$

$$F_{ac} \geqslant S_{ac} + T_{ac} + 2\xi \qquad a \in H; c \in G_a \qquad (8\text{-}34)$$

$$S_{ac} \geqslant F_{ad} + M(w_{aci} + w_{ad(i-1)} - 2) \qquad a \in H; c, d \in G_a; c \neq d; i \in G_a; i \geqslant 2$$
$$(8\text{-}35)$$

$$S_{ac} \geqslant C_{ac} + M(w_{aci} - 1) \qquad a \in H; c \in G_a; i \in G_a \qquad (8\text{-}36)$$

$$\sum_{a \in H} \sum_{c \in G_a} l_{ac} = 1 \quad a \in H; c \in G \tag{8-37}$$

$$F_{ac} - F_{bd} \geqslant M(l_{ac} - 1) \quad a \in H; c \in G \tag{8-38}$$

由于 RGV 完成一件运送任务的时间包括 RGV 装卸货物和由 I/O 站行驶至入库输送机的时间,约束(8-32)为给出 RGV 完成一件货物运送时间所需的最短时间;约束(8-33)保证 RGV 有足够的时间行驶至下一项运送任务的开始运送位置;约束(8-34)给出堆垛机存储一件货物完成时间的计算方式。当堆垛机连续两次执行同一巷道货物的入库存储任务时,约束(8-35)保证堆垛机在完成前一项存储任务后才能开始下一项入库作业;约束(8-36)保证货物先由 RGV 送达输送机后方可由堆垛机拣取;约束(8-37)定义 l_{ac},保证所有货物中仅有一件最后入库完成的货物;约束(8-38)保证最后入库完成的货物入库完成时间大于其他货物的入库完成时间。

$K_{ac} \geqslant K_{bd}$ 时,

$$R_{ac} \geqslant R_{bd} + u + \theta + t_{K_{bd} K_{ac}} + M(x_{ac1} + x_{bd2} + z_{bd,ac}^{RR} - 3)$$
$$a, b \in H; c \in G_a; d \in G_b; a \neq b \text{ 或 } a = b, c \neq d \tag{8-39}$$

$K_{ac} \geqslant Y_{bd}$ 时,

$$R_{ac} \geqslant C_{bd} + \theta + t_{Y_{bd} K_{ac}} + M(x_{ac1} + x_{bd2} + z_{bd,ac}^{CR} - 3)$$
$$a, b \in H; c \in G_a; d \in G_b; a \neq b \text{ 或 } a = b, c \neq d \tag{8-40}$$

$Y_{ac} \geqslant Y_{bd}$ 时,

$$C_{ac} \geqslant C_{bd} + \theta + u + t_{Y_{bd} Y_{ac}} + M(x_{ac1} + x_{bd2} + z_{bd,ac}^{CC} - 3)$$
$$a, b \in H; c \in G_a; d \in G_b; a \neq b \text{ 或 } a = b, c \neq d \tag{8-41}$$

当某个时间段内两辆 RGV 的作业路径发生重叠,且 RGV1 驶入重叠区域的时间晚于或等于 RGV2 时,约束(8-39)~约束(8-41)结合约束(8-26)~约束(8-29)保证 RGV1 保持安全距离等待,直至 RGV2 驶出重叠作业区域,以避免第一类碰撞。当货物 J_{ac} 对应的 I/O 站编号大于货物 J_{bd} 对应的 I/O 站编号,且 J_{ac} 由 RGV1 运送、J_{bd} 由 RGV2 运送时,两辆 RGV 的作业路径发生重叠。此时,当 $z_{bd,ac}^{RR} = 1$ 时,约束(8-39)保证 RGV1 应等待 RGV2 完成货物装载任务并保持安全距离驶过货物 J_{ac} 对应的 I/O 站后才能开始装载货物。当货物 J_{ac} 对应的 I/O 站编号大于货物 J_{bd} 的入库输送机编号,J_{ac} 由 RGV1 运送,J_{bd} 由 RGV2 运送,且 RGV2 到达 J_{bd} 对应的入库输送机的时间早于 RGV1 到达 J_{ac} 对应的 I/O 站的时间($z_{bd,ac}^{CR} = 1$)时,约束(8-40)保证 RGV1 应等待 RGV2 卸货完成并保持安全距离驶过货物 J_{ac} 对应的 I/O 站后才能开始装载货物。当货物 J_{ac} 对应的入库输送机编号大于货物 J_{bd} 对应的入库输送机编号,J_{ac} 由 RGV1 运送,J_{bd} 由 RGV2 运送,且 $z_{bd,ac}^{CC} = 1$ 时,约束(8-41)保证 RGV1 应等待 RGV2 卸货完成并保持安全距离驶过货物 J_{ac} 对应的入库输送机后才能开始卸载货物。

$K_{ac} \geqslant K_{bd}$ 时，

$$R_{ac} \geqslant R_{bd} + u + \theta + \partial + t_{K_{bd}K_{ac}} + M(x_{ac2} + x_{bd1} + z_{bd,ac}^{RR} - 3) \quad (8\text{-}42)$$
$$a,b \in H; c \in G_a, d \in G_b; a \neq b \text{ 或 } a = b, c \neq d$$

$K_{ac} \geqslant Y_{bd}$ 时，

$$R_{ac} \geqslant C_{bd} + \theta + \partial + t_{Y_{bd}K_{ac}} + M(x_{ac2} + x_{bd1} + z_{bd,ac}^{CR} - 3) \quad (8\text{-}43)$$
$$a,b \in H; c \in G_a, d \in G_b; a \neq b \text{ 或 } a = b, c \neq d$$

$Y_{ac} \geqslant Y_{bd}$ 时，

$$C_{ac} \geqslant C_{bd} + \theta + \partial + u + t_{Y_{bd}Y_{ac}} + M(x_{ac2} + x_{bd1} + z_{bd,ac}^{CC} - 3) \quad (8\text{-}44)$$
$$a,b \in H; c \in G_a, d \in G_b; a \neq b \text{ 或 } a = b, c \neq d$$

当 RGV2 空跑，且行驶路径与 RGV1 发生重叠时，约束(8-42)至(8-44)保证 RGV2 保持安全距离等待，直至 RGV1 驶出重叠区域，以避免第二类碰撞。当货物 J_{ac} 对应的 I/O 站编号大于货物 J_{bd} 对应的 I/O 站编号时，且 J_{ac} 由 RGV2 运送，J_{bd} 由 RGV1 运送，J_{bd} 开始运送的时间早于 J_{ac} 开始运送的时间($z_{bd,ac}^{RR} = 1$)时，说明由于 RGV2 空跑，两辆 RGV 的作业路径发生重叠。此时，约束(8-42)保证 RGV2 应等待至 RGV1 保持安全距离完成 J_{bd} 的装载任务并绕轨道一周后才能开始 J_{ac} 的装载任务。当货物 J_{ac} 对应的 I/O 站编号大于货物 J_{bd} 对应的入库输送机编号，J_{ac} 由 RGV2 运送，J_{bd} 由 RGV1 运送，且 $z_{bd,ac}^{CR} = 1$ 时，约束(8-43)保证 RGV2 应等待至 RGV1 保持安全距离完成 J_{bd} 的运送任务并绕轨道一周后才能开始 J_{ac} 的装载任务。当货物 J_{ac} 由 RGV2 运送，J_{bd} 由 RGV1 运送，RGV2 前往卸货的入库输送机编号大于 RGV1，且 RGV2 到达输送机的时间晚于 RGV1 时，约束(8-44)保证 RGV2 应等待至 RGV1 保持安全距离完成 J_{bd} 的运送任务并绕轨道一周后才能开始 J_{ac} 的卸载任务。

8.3 算法设计

鉴于本章研究的环形 2-RGV 系统入库调度问题复杂性较高，CPLEX 难以在较短时间内求得大规模问题的精确解，需要设计可快速求解的启发式算法。变邻域禁忌搜索算法在相似问题求解过程中得到广泛应用，该算法可系统改变邻域结构以跳出局部最优，设计禁忌表以避免迂回搜索[204-205]。本章应用变邻域禁忌搜索算法对问题进行求解，并引入分区法构建质量较好的初始解。考虑邻域搜索难以改变 RGV 的分配比例，仅使用 VNTS 算法难以对可行域全局搜索。粒子群算法具有收敛速度快，全局搜索能力强的特点[206-207]。因此，本章设计一种适用于求解该问题的混合变邻域禁忌搜索(hybrid variable neighborhood tabu search,简称 HVNTS)算法,并将 VNTS 算法作为主干算法。算法的基本思想描述如下:HVNTS 算法的第一阶段应用 VNTS 解决货物运送顺序排列问题。首先,设置与种群规模相适应的禁忌表长度,然后应用变邻域搜索策略寻找更优解,并将寻找到的更优解加入禁忌表以避免迂回搜索。当某一邻域结构无法改进当前解时,则记录当前最优解并接受次优解、清空禁忌表、重置禁忌表长度并继续采用当前邻域结构搜索。若当前邻域结构连续两次无法改进当前解,则将被记录的最优解赋值给当前最优解,并采用下一项邻域结构进行搜索。当 VNTS 算法陷入局部最优且遍历所有邻域仍无法继续改进最优目标值时,则转入 HVNTS 算法的第二阶段。第二阶段在不改变货物运送序列的前提下应用粒子群(particle swarm optimization,简称 PSO)算法求解 RGV 指派问题,以改变 RGV 的分配比例,并对局部最优解进行扰动。当应用 PSO 算法跳出局部最优后,则重新执行 VNTS 算法;否则,继续执行 PSO 算法。下面给出 HVNTS 算法的详细过程。

8.3.1 可行解编码

HVNTS 算法采用两层整数编码表示可行解,第一层表示货物运送序列,第二层表示执行每件货物运送任务的 RGV,如图 8-2 所示。图中货物运送序列为{13,11,12,21,22,31,32,41,42},其中 13 表示巷道 1 待入库货物 3,该货物为第一件入库货物,由 RGV2 执行。

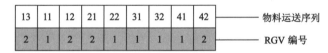

图 8-2　可行解编码方案

8.3.2 初始解构造与适应度评估

(1)初始解构造

由于初始解的质量对算法的求解性能有很大影响,本章在初始解构建过程中引入分区法,考虑均衡 RGV 任务量,并对 RGV 行驶路径进行划分,以提供较好的初始解。具体初始解构建过程为:首先,确定分区临界点。以某一巷道 a 为界,计算巷道 a 左右两侧待入库货物总数的差值。若货物之差不超过 1,则记巷道 a 为分区临界点,否则将分区临界点左右移动,直至实现 RGV 运送货物均衡。然后,生成 RGV 运送顺序。将分区临界点左右两侧货物分别随机排列,分区临界点左侧货物由 RGV1 运送,右侧货物由 RGV2 运送。至此,一个考虑均衡 RGV 作业任务量,对 RGV 作业路径进行分区的初始解构造完成。

（2）适应度评估

可行解的适应值依据目标函数值计算,即所有货物的总入库时间最短。

8.3.3 禁忌搜索策略

在引入分区法生成质量较好的初始解后,需设置邻域搜索过程中的禁忌表 List,以避免迂回搜索,引导算法跳出局部最优。本章将由货物运送序列与执行相应运送任务的 RGV 序列构成的可行解作为禁忌对象,每个禁忌对象由一个 $2 \times \sum\limits_{a \in H} |G_a|$ 的矩阵表示。本章采用以下藐视准则接受与解禁候选解:若邻域搜索得到的局部最优解优于当前最优调度方案,则选定其作为当前最优解并将禁忌对象加入禁忌表。否则,接受次优方案并清空禁忌表。在不考虑藐视准则的前提下,本章禁忌对象的赦免条件为:禁忌表内的可行解在禁忌表内的任期超过禁忌表长度后才能被重新选择为候选解。

由于入库货物数量 $\sum\limits_{a \in H} |G_a|$ 是影响环形 2-RGV 入库调度问题规模的关键因素,本章设置与问题规模相适应的禁忌表长度 Tabu,在禁忌表中至多加入 Tabu 个调度方案。在邻域结构无法改进最优目标值前,该邻域结构的禁忌表长度为定值,不发生改变。Tabu 的计算方式如下:

$$\text{Tabu} = \left\lceil \sqrt{\sum_{a \in H} |G_a|} \right\rceil \tag{8-45}$$

8.3.4 变邻域搜索策略

变邻域搜索策略可以系统改变初始解的邻域算子,扩大可行解搜索范围,以得到较好的局部最优解,因此,本章应用变邻域搜索策略进行邻域搜索。由于邻域结构的搜索步长对算法的求解效果有较大影响,本章依次选择逆序、两点交换、单点插入和随机排序 4 种邻域结构（邻域结构示意图见图 8-3）参与算法的迭代过程。在可行解搜索过程中,4 种邻域结构均受禁忌表与藐视准则约束。具体邻域动作如下:

（1）逆序。随机选择两个编码位 p_1 和 p_2,将两点间货物运送序列与相应的 RGV 同时逆序排列。

（2）两点交换。随机选择两个编码位 p_1 和 p_2,交换 p_1 和 p_2 位置的货物及执行运送任务的 RGV。

（3）单点插入。随机选择两个编码位 p_1 和 p_2,将 p_1 位置的货物及 RGV 插入 p_2 后。

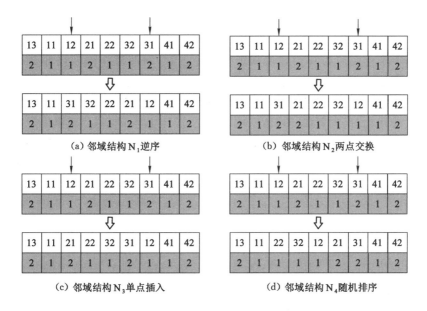

图 8-3 邻域结构示意图

（4）随机排序。随机选择两个编码位 p_1 和 p_2，将被选中的两点间的可行解片段随机排列。

本章设置当前最优解为 x^{Best}，对应的目标函数值为 $Z(x^{Best})$、邻域结构为 N_k、邻域数量为 I 以及邻域 N_k 未改进 $Z(x^{Best})$ 的次数为 τ，令 $\tau=0$，则变邻域禁忌搜索过程如下：

第 1 步：判断是否满足邻域搜索终止准则。若满足终止准则，则执行 PSO 算法，否则转第 2 步。

第 2 步：邻域解评估。将 x^{Best} 在 N_k 中生成 I 个邻域解，求得这些候选解中的局部最优解 x^*。

第 3 步：判断最优目标函数值是否改进。若 $Z(x^*)<Z(x^{Best})$，则转第 4 步，否则转第 5 步。

第 4 步：判断最早禁忌的可行解是否满足赦免条件。若满足条件，则解禁该可行解，将其他可行解上移一位，并将 x^* 作为禁忌对象放在 List 末端。令 $k=1$，转第 2 步。

第 5 步：记录已搜索到的最优解 x^{Best}，List$=\varnothing$，$\tau=\tau+1$，判断 τ 取值。若 $\tau=1$，则记录当前已搜索到的最优解 $x^r=x^{Best}$，重置 Tabu，记禁忌表中除 x^{Best} 以外的禁忌对象和 x^* 中的最优解作为次优解 x''，令 $x^{Best}=x''$，转第 4 步；若 $\tau=2$，令 $x^{Best}=x^r$，$k=k+1$，转第 1 步。

8.3.5　粒子群算法

由于本章在初始解构建过程中引入分区法，易使算法陷入局部最优。当 VNTS 算法早熟收敛后，应用 PSO 算法求解执行货物运送任务的 RGV，破坏初始解构建过程中的分区策略，改变当前最优解中 RGV 分配比例，以对当前最优解进行扰动，扩大算法的搜索区域。因此，在算法第一阶段求得最优货物运送序列的基础上，对当前最优解中 RGV 序列应用逆序算子产生 I 个粒子，并在粒子速度取值范围内生成每个粒子每一维的飞行速度。随后，应用 PSO 算法搜索执行每件货物运送任务的 RGV。PSO 算法粒子速度与位置的计算方式如下：

$$v_{nk}^{i+1} = w^i v_{nk}^i + c_1 r_1 (P_{nk}^i - x_{nk}^i) + c_2 r_2 (Q_k^i - x_{nk}^i) \tag{8-46}$$

$$x_{nk}^{i+1} = v_{nk}^{i+1} + x_{nk}^i \tag{8-47}$$

式中，v_{nk}^i 和 x_{nk}^i 分别表示第 i 次迭代第 n 个粒子第 k 维的速度和位置；P_{nk}^i 表示粒子 n 最优位置中第 k 维的位置；Q_k^i 表示所有粒子的全局最优位置中第 k 维的位置；w^i 为惯性权重；c_1，c_2 为学习因子；r_1，r_2 为 $[0,1]$ 范围内的随机数。

本章采用整数编码，对更新位置后的 x_{nk}^{i+1} 进行四舍五入取整操作。由于 $x_{nk}^i \in [1,2]$，需要对超出范围的粒子进行修正，对大于 2 的粒子位置赋值为 2，小于 1 的粒子位置赋值为 1。借鉴文献[208]，设置 $v_{nk}^i \in [-2,2]$，$c_1 = c_2 = 2$，$w^i \in [0.8,1.2]$。

8.3.6　终止准则与算法流程

VNTS 算法的终止准则为遍历所有邻域结构后，最优目标函数值未改进。VNTS 算法终止后，则执行 PSO 算法。若 PSO 算法搜索到更优目标函数值 $Z(x^*)$，则令当前最优解 $x^{Best} = x^*$，并终止 PSO 算法，重新执行 VNTS 算法；否则，继续执行 PSO 算法。若 PSO 算法连续 E_{end} 代仍未改进最优目标值，则算法 HVNTS 终止。

HVNTS 算法流程如图 8-4 所示，算法步骤如下：

第 1 步：已知入库订单，设置最优解 $x^{Best} = \varnothing$，最优目标值 $Z(x^{Best}) = +\infty$、邻域结构 $\{N_k | k=1,2,3,4\}$、邻域解搜索数量 I，粒子速度取值范围、学习因子 $c_1 = c_2 = 2$、惯性权重 w^i、最优目标值连续未改进代数 E_{end} 以及 PSO 算法未改进当前最优解的代数 α，令 $k=1$。

第 2 步：生成一条初始解 x^*，设置 N_1 第一次迭代的禁忌表长度为 Tabu，令 $x^{Best} = x^*$，$Z(x^{Best}) = Z(x^*)$，将 x^* 加入禁忌表 List。

第 3 步：对 x^* 执行变邻域禁忌搜索策略寻找局部最优解 x^*。

第 4 步：判断是否满足变邻域搜索终止准则。若满足条件，则转第 5 步，否

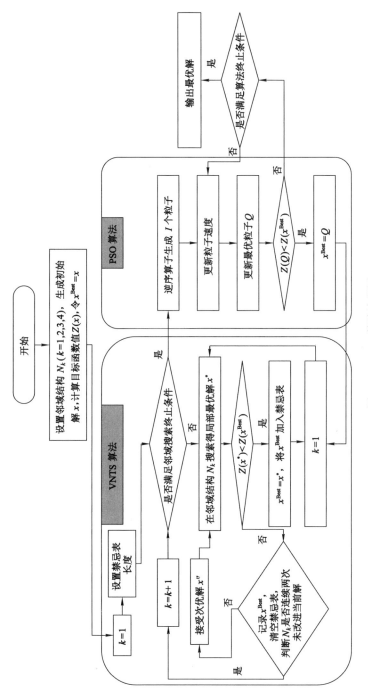

图8-4 HVNTS算法流程图

则转第 3 步。

第 5 步:采用 N_1 逆序算子生成 I 个粒子,随机生成每个粒子每一维的速度。

第 6 步:判断每个粒子位置与速度是否超出取值范围,并对超出范围的粒子速度和位置进行修复,而后计算每个粒子的适应值,记其中最优粒子 Q 的适应值为 $Z(Q)$。若 $Z(Q) < Z(x^{Best})$,则令 $x^{Best} = Q$,$k = 1$,转第 3 步,否则,$\alpha = \alpha + 1$,转第 7 步。

第 7 步:判断 α 是否等于 E_{end}。若满足条件,则输出 x^{Best} 与 $Z(x^{Best})$;否则,采用逆序算子生成 I 个粒子,然后通过粒子速度与位置的计算方式更新粒子位置及其速度,转第 6 步。

8.4 算例试验

8.4.1 算例设计与参数设置

参照某生产制造企业的 I/O 站与输送机的位置信息设置 AS/RS 布局参数,每排货架层数为 20 层,60 列储位,堆垛机在相邻储位间的运行时间为 1.5 s,其他仓库布局参数见表 8-3。

表 8-3　AS/RS 布局参数设置

项目	取值
I/O 站编号	9,10,11,12
I/O 站位置/m	30,35,40,45
入库输送机编号	1,2,3,4,5,6,7,8
入库输送机位置/m	3,6,9,12,15,18,21,24
ζ/s	10
θ/s	2
∂/s	24

此外,将入库输送机由左向右依次编号为 1~8,I/O 站由右向左依次编号为 9~12。由于目前对该类问题的研究较少,很难找到标准算例进行算法测试,本章设计了 25 组不同规模的算例(算例设置见表 8-4)以检验所提出 HVNTS 算法的有效性,每组算例中货物的入库储位和 I/O 站随机分配。所有算例分别利用商业优化软件 CPLEX12.63 和 HVNTS 算法进行计算。所有计算均在

Inter ®CoreTM i7-6700HQ @ 2.60 GHZ,内存4.00 GB,操作系统 Windows 10 环境下运行,算法编程基于 MATLAB 2016a 实现。

表 8-4　算例设置

算例		G_a	入库货物总数
小规模算例	1	1,0,1,1,1,1,1,0	6
	2	1,0,2,0,0,0,3,0	6
	3	1,0,2,0,0,2,2,1	8
	4	1,2,0,2,1,1,1,1	9
	5	0,0,3,0,3,3,0,0	9
	6	2,0,1,0,2,1,2,2	10
	7	0,5,0,3,0,4,0,0	12
	8	1,2,3,1,2,1,1,1	12
中等规模算例	9	3,0,10,0,10,0,0,3	26
	10	0,0,15,0,0,0,15,0	30
	11	3,2,5,8,6,4,2,4	34
	12	5,4,3,4,9,3,4,8	40
	13	0,23,0,0,0,23,0,0	46
	14	6,8,9,5,7,8,10,5	58
	15	12,10,13,8,6,7,9,9	74
	16	14,15,8,16,10,10,9,4	86
大规模算例	17	44,32,0,42,0,0,45,0	163
	18	23,32,33,38,22,12,26,19	205
	19	38,45,36,29,48,32,26,30	284
	20	46,43,48,54,26,52,55,50	374
	21	68,59,67,57,64,75,67,72	465
	22	0,297,0,0,0,297,0,0	594
	23	88,94,85,70,84,81,65,101	668
	24	0,205,0,0,211,148,0,140	704
	25	94,129,104,89,94,142,81,141	874

当算例规模变大时,CPLEX 无法在短时间内求得精确解。为进一步评价 HVNTS算法的有效性,本章应用文献[203]所提出的禁忌搜索(TS)算法求解

环形 2-RGV 系统入库调度问题,并将 TS 算法的求解结果与 HVNTS 算法相对比。两种算法采用相同的编码方式、邻域规模与终止准则,两种算法的参数设置见表 8-5。

表 8-5　算法参数设置

参数	取值
E_{end}	10,10,10,10,10,10,10,10,20,20,20,20,25,25,25,25,35,35,35,35,50,50,50,50,50
I	30,30,30,30,30,30,30,30,50,50,50,50,70,70,70,70,100,100,100,100,150,150,150,150,150

8.4.2　结果分析

本章调用两种算法对每组算例进行 10 次随机试验,记录所得最优目标值、解的均值和求解平均时间,调用 CPLEX12.63 求解 MIP 模型。由于 CPLEX 难以在短时间内求得可行解,本章将小规模算例、中等规模算例和大规模算例的 CPLEX 计算时间分别设定为 8 h、12 h 和 24 h,记录 CPLEX 所得全局最优解或在设定时间内所得松弛最优解。记 HVNTS 算法与 TS 算法求得问题的最优目标函数值分别为 $Best_{VN}$ 和 $Best_{TS}$,设 gap 表示 HVNTS 算法求解的平均值 Avg_{VN} 与 CPLEX 求解结果 $Best_{CP}$ 的偏差,其计算方式为 gap =（Avg_{VN} − $Best_{CP}$）/$Best_{CP}$,dev 表示 Avg_{VN} 与 TS 算法求解平均值 Avg_{TS} 的偏差,其计算方式为 dev=（Avg_{VN} − Avg_{TS}）/Avg_{TS}。表 8-6 为算例的求解结果。

表 8-6　算例求解结果

算例	CPLEX		HVNTS			TS			gap/%	dev/%
	$Best_{CP}$	时间/s	$Best_{VN}$	Avg_{VN}	时间/s	$Best_{TS}$	Avg_{TS}	时间/s		
1	160.5	7.47	160.5	160.5	0.15	160.5	160.5	0.12	0	0
2	162.0	19.94	162.0	162.0	0.15	162.0	162.0	0.12	0	0
3	205.5	464.75	205.5	205.5	0.15	205.5	205.5	0.12	0	0
4	245.5	8 850.88	245.5	245.5	0.16	245.5	249.2	0.13	0	−1.48
5	255.0	8 645.25	255.0	255.0	0.17	255.0	258.5	0.15	0	−1.35
6	263.5	10 283.81	263.5	263.5	0.19	263.5	279.2	0.15	0	−5.62
7	360.5	17 414.17	360.5	361.3	0.21	360.5	384.6	0.17	0.22	−6.06
8	364.5	17 947.48	364.5	365.5	0.21	372.5	393.8	0.17	0.27	−7.19
9	467.0	*	449.5	454.8	2.79	468.0	482.3	1.81	−2.61	−5.70

表 8-6(续)

算例	CPLEX		HVNTS			TS			gap/%	dev/%
	Best$_{CP}$	时间/s	Best$_{VN}$	Avg$_{VN}$	时间/s	Best$_{TS}$	Avg$_{TS}$	时间/s		
10	552.5	*	537.5	546.2	4.02	541.5	594.2	2.08	−1.14	−8.08
11	646.5	*	659.0	671.3	6.69	689.5	731.4	3.99	3.84	−8.22
12	1 034.5	*	1 003.5	1 017.5	8.41	1 079.5	1 181.7	5.58	−1.64	−13.90
13	1 102.0	*	1 054.0	1 066.1	15.34	1 176.5	1 222.5	9.13	−3.26	−12.79
14	\	*	1 318.5	1 336.3	17.86	1 461.0	1 527.3	10.97	\	−12.51
15	\	*	1 695.0	1 705.9	19.40	1 802.0	2 004.1	12.33	\	−14.88
16	\	*	1 963.5	1 987.4	21.74	2 178.0	2 345.9	13.54	\	−15.28
17	\	* *	3 685.5	3 701.8	53.54	4 006.5	4 208.4	22.64	\	−12.04
18	\	* *	4 619.0	4 644.5	66.28	4 986.0	5 171.2	26.88	\	−10.19
19	\	* *	6 375.5	6 417.7	76.48	6 861.5	7 074.9	31.76	\	−9.29
20	\	* *	8 306.0	8 338.4	85.79	9 041.0	9 273.1	38.11	\	−10.08
21	\	* *	10 328.5	10 343.2	124.94	11 285.0	11 338.8	51.75	\	−8.78
22	\	* *	13 138.5	13 159.4	135.57	14 293.5	14 587.2	56.38	\	−9.79
23	\	* *	14 772.0	14 815.6	147.43	15 948.0	16 052.7	64.80	\	−7.71
24	\	* *	15 608.0	15 655.8	160.16	16 418.0	16 679.3	72.36	\	−6.14
25	\	* *	19 347.0	19 412.7	179.75	20 539.5	20 853.1	82.47	\	−6.91
平均值									−0.33	−7.76

注:由于算例未能在规定的求解时间内求出最优解,"＊"和"＊＊"分别表示 CPLEX 达到根据算例规模而设定的 12 h 和 24 h 求解时间;"\"表示 CPLEX 未能在设定时间内搜索到可行解。

由表 8-6 可知,对小规模算例而言,CPLEX 可求得问题的全局最优解,HVNTS 算法也可求得全局最优解或近似最优解,且 HVNTS 算法的求解时间更短;对于中等规模和大规模算例而言,CPLEX 仅可求得部分算例的松弛最优解或者在规定时间内未求得可行解,HVNTS 算法在短时间内可求得问题的近似最优解,且为 4 个算例找到了比 CPLEX 更优的解。HVNTS 算法优于CPLEX 求解结果的平均偏差为 0.36%,且算法的求解时间均在 180 s 内。说明对于环形 2-RGV 系统入库调度问题,HVNTS 算法能够快速有效地求解。

另外,本章所提算法优于 TS 算法求解结果的平均偏差为 7.76%,尤其对于中等规模、大规模算例而言,二者的平均偏差为 10.41%。说明对于中等规模、大规模环形 2-RGV 系统入库调度问题而言,HVNTS 算法具有更强的寻优能力。由于 HVNTS 算法较 TS 算法在一定程度上有所改进,使得 HVNTS 算法的复杂度更高,求解时间更长,但总体认为其求解速度是可以接受的。

为了直观地体现本章所构建的 MIP 是可行的,即两辆 RGV 在入库过程中未发生碰撞,本章给出 CPLEX 求解算例 8 的全局最优解(详见表 8-7)以及最优解的时间运行图(见图 8-5)。图 8-5 中横轴表示时间,纵轴表示各入库输送机和 I/O 站的编号,各编号的纵坐标为对应的入库输送机或 I/O 站到原点的距离。与纵轴平行的虚线表示 RGV 经过原点,其他虚线表示 RGV 为空运送,实线表示 RGV 为载货运送,横线表示 RGV 装卸货物。从图 8-5 可以看出,两辆 RGV 始终一前一后保持一定距离运行,未发生碰撞。

表 8-7　CPLEX 求解算例 8 的全局最优解

项目	取值
入库顺序	33,51,32,71,22,61,41,81,31,52,11,21
运送车辆	2,1,2,1,2,1,2,1,2,1
RGV 于 I/O 站开始装货时间	0,19.5,44,68.5,90.5,111,134.5,157.5,178.5,201.5,223.5,244.5
RGV 于输送机开始卸货时间	31.5,54,80.5,101,123,144.5,170,191.5,213.5,235,256.5,274
堆垛机于输送机开始拣货时间	31.5,115,153.5,274.5,123,274.5,123,274.5,274.5,274.5,274.5,235
堆垛机回到输送机时间	153.5,235,274.5,394.5,244,394.5,394.5,394.5,394.5,356,394.5,394.5

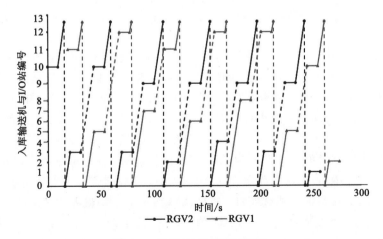

图 8-5　算例 S8 的时间运行图

综上可知,本章建立的 AS/RS 中环形 2-RGV 系统入库调度问题的混合整数规划模型在保证 RGV 与堆垛机协同作业的同时可有效避免 RGV 的碰撞冲突,减少 RGV 无效等待。本章所提出的 HVNTS 算法能够求出小规模算例的最优解或近似最优解,能在较短时间内求出中等规模和大规模算例质量较好的解。

8.5 本章小结

本章研究了自动化立体仓库中环形 2-RGV 系统入库调度问题,通过对环形 2-RGV 系统中 RGV 碰撞情况进行分析,以货物总入库时间最小化为目标,考虑了单 RGV 运送、RGV 碰撞避免以及 RGV 与堆垛机协同作业等约束,构建了问题的混合整数规划模型。考虑问题求解的复杂度较高,结合问题特征设计了 HVNTS 算法,基于货物运送序列与受指派的 RGV 设计了算法的二维整数编码,引入分区法提供了质量较高的初始解,利用 4 种邻域结构、禁忌表和藐视准则为基础的 VNTS 算法搜索货物运送序列,应用 PSO 算法求得执行每件货物运送任务的 RGV。最后,为了评价算法的有效性,设计了 25 组不同规模的算例,将 HVNTS 算法与 TS 算法和 CPLEX 的求解结果进行对比分析。算例试验结果表明,HVNTS 算法可快速有效地求解环形 2-RGV 系统入库调度问题,相较于 CPLEX 和禁忌搜索算法的求解结果,货物的平均入库时间分别节省了 0.33% 和 7.76%,且 HVNTS 算法的求解时间均在 180 s 内,证明所提算法能快速有效地求解该问题。

本章的研究结论不仅对于生产制造企业 AS/RS 中环形 RGV 系统入库调度问题具有一定的参考意义,也为相关环形运作环境下调度问题的整数规划模型构建提供了借鉴。在 AS/RS 系统中,经常存在同时进行货物入库和出库作业的情况,如何对同时进行入库和出库作业时环形 2-RGV 系统进行合理调度以最大化 AS/RS 系统的效率,是未来要解决的重要问题。

参 考 文 献

[1] 周奇才.基于现代物流的自动化立体仓库系统(AS/RS)管理及控制技术研究[D].成都:西南交通大学,2002.

[2] DOTOLI M,FANTI M P. Modeling of an AS/RS serviced by rail-guided vehicles with colored Petri nets:a control perspective [C]//IEEE International Conference on Systems,Man and Cybernetics. Yasmine Hammamet:[s. n.],2002.

[3] 付孔兵,阳锦.立体仓库的标准化管理[J].铁路技术创新,2013(1):55-57.

[4] 中国仓储协会仓储设施与技术应用委员会.自动化立体仓库应用及发展展望[J].物流技术与应用,2013,18(4):106-108.

[5] 祁庆民.自动化立体库:技术创新发展市场稳步扩大[J].物流技术与应用,2014,19(4):62-64.

[6] 姜荣奇.自动化立体库:市场稳步扩大,创新不断增强[J].物流技术与应用,2015,20(3):51-53.

[7] 共研产业研究院.2023—2029 年中国仓储自动化设备行业全景调研及市场运营趋势报告[EB/OL]. (2023-6-30)[2023-12-01]. https://www. gonyn. com/report/1538050. html.

[8] 马永杰,蒋兆远,杨志民.基于遗传算法的自动化仓库的动态货位分配[J].西南交通大学学报,2008,43(3):415-421.

[9] EGBELU P J,TANCHOCO J M A. Characterization of automatic guided vehicle dispatching rules[J]. International journal of production research,1984,22(3):359-374.

[10] VIVALDINI K C T,ROCHA L F,BECKER M,et al. Comprehensive review of the dispatching,scheduling and routing of AGVs[M]//Lecture Notes in Electrical Engineering. Cham:Springer International Publishing,2015.

[11] LEE J. Dispatching rail-guided vehicles and scheduling jobs in a flexible manufacturing system[J]. International journal of production research，1999，37(1)：111-123.

[12] CHEN F F，HUANG J K，CENTENO M A. Intelligent scheduling and control of rail-guided vehicles and load/unload operations in a flexible manufacturing system[J]. Journal of intelligent manufacturing，1999，10(5)：405-421.

[13] 于永江，曲雅楠，刘俏.穿梭车系统设计及其在物流系统中的应用[J].物流技术与应用，2007，12(8)：86-89.

[14] 聂峰，程珩.多功能穿梭车优化调度研究[J].物流技术，2008，27(10)：251-253.

[15] 刘永强.基于遗传算法的 RGV 动态调度研究[D].合肥：合肥工业大学，2012.

[16] 张应强，魏镜弢，王庭有.RGV 控制系统设计研究[J].河南科学，2012，30(1)：94-96.

[17] 刘国栋，曲道奎，张雷.多 AGV 调度系统中的两阶段动态路径规划[J].机器人，2005，27(3)：210-214.

[18] 程理民，吴江.运筹学模型与方法教程[M].北京：清华大学出版社，2000.

[19] 赵东雄.多自动导引小车系统(AGVS)路径规划研究[D].武汉：湖北工业大学，2014.

[20] 黄红选，韩继业.数学规划[M].北京：清华大学出版社，2006.

[21] 徐俊杰.元启发式优化算法理论与应用研究[D].北京：北京邮电大学，2007.

[22] 陈萍.启发式算法及其在车辆路径问题中的应用[D].北京：北京交通大学，2009.

[23] 周明，孙树栋.遗传算法原理及应用[M].北京：国防工业出版社，1999.

[24] 张晓缋，方浩，戴冠中.遗传算法的编码机制研究[J].信息与控制，1997，26(2)：134-139.

[25] GOLDBERG D E，DEB K. A comparative analysis of selection schemes used in genetic algorithms[M]//Foundations of Genetic Algorithms. Amsterdam：Elsevier，1991.

[26] GEN M，CHENG R W. Genetic algorithms and engineering optimization [M]. New York：John Wiley & Sons，Inc. ，2000.

[27] ISHIBUCHI H，YAMAMOTO N，MURATA T，et al. Genetic algorithms

and neighborhood search algorithms for fuzzy flowshop scheduling problems[J]. Fuzzy sets and systems,1994,67(1):81-100.

[28] GONÇALVES J F,DE MAGALHÃES MENDES J J,RESENDE M G C. A hybrid genetic algorithm for the job shop scheduling problem[J]. European journal of operational research,2005,167(1):77-95.

[29] SIVRIKAYA ŞERIFO Ğ LU F, ULUSOY G. Multiprocessor task scheduling in multistage hybrid flow-shops:a genetic algorithm approach [J]. Journal of the operational research society,2004,55(5):504-512.

[30] 刘兴堂,吴晓燕.现代系统建模与仿真技术[M].西安:西北工业大学出版社,2001.

[31] 肖田元,张燕云,陈加栋.系统仿真导论[M].北京:清华大学出版社,2000.

[32] PANWALKAR S, ISKANDER W. A survey of scheduling rules[J]. Operations research,1977,25(1):45-61.

[33] 马正元,王伟玲,王玉生.生产调度问题的系统研究[J].成组技术与生产现代化,2005,22(1):10-14.

[34] 任小龙.基于Petri网的FMS调度问题研究[D].西安:西安电子科技大学,2010.

[35] BEN ABDALLAH I,ELMARAGHY H A,ELMEKKAWY T. Deadlock-free scheduling in flexible manufacturing systems using Petri nets[J]. International journal of production research,2002,40(12):2733-2756.

[36] CHINCHOLKAR A K, KRISHNAIAH CHETTY O V. Stochastic coloured Petri nets for modelling and evaluation,and heuristic rule base for scheduling of FMS [J]. The international journal of advanced manufacturing technology,1996,12(5):339-348.

[37] SAWADA K, SHIN S, KUMAGAI K, et al. Optimal scheduling of automatic guided vehicle system via state space realization [J]. International journal of automation technology,2013,7(5):571-580.

[38] 罗键,吴长庆,李波,等.基于改进量子微粒群的轨道导引小车系统建模与优化[J].计算机集成制造系统,2011,17(2):321-328.

[39] MALMBORG C J. Conceptualizing tools for autonomous vehicle storage and retrieval systems[J]. International journal of production research,2002,40(8):1807-1822.

[40] ZHANG S P, ZHAO N, ZHAO Y F. Universal simulation model of

autonomous vehicle storage & retrieval system[M]//Proceedings of the 21st International Conference on Industrial Engineering and Engineering Management 2014. Paris:Atlantis Press,2015.

[41] LEE S G,DE SOUZA R,ONG E K. Simulation modelling of a narrow aisle automated storage and retrieval system(AS/RS)serviced by rail-guided vehicles[J]. Computers in industry,1996,30(3):241-253.

[42] DOTOLI M,FANTI M P. A coloured Petri net model for automated storage and retrieval systems serviced by rail-guided vehicles:a control perspective [J]. International journal of computer integrated manufacturing,2005,18(2/3):122-136.

[43] DOTOLI M,FANTI M P. Deadlock detection and avoidance strategies for automated storage and retrieval systems [J]. IEEE transactions on systems,man,and cybernetics,part C(applications and reviews),2007, 37(4):541-552.

[44] 吴长庆,罗键,陈火国,等.基于Petri网的RGVs系统中环路死锁研究[J]. 计算机科学,2009,36(4):250-253.

[45] 杨少华,张家毅,赵立.基于排队论的环轨多车数量与能力分析[J].制造业 自动化,2011,33(16):102-104.

[46] 吴焱明,刘永强,张栋,等.基于遗传算法的RGV动态调度研究[J].起重 运输机械,2012(6):20-23.

[47] 顾红.卷烟企业物流系统柔性调度管理研究[D].昆明:昆明理工大 学,2012.

[48] 顾红,邹平,徐伟华.环行穿梭车优化调度问题的自学习算法[J].系统工程 理论与实践,2013,33(12):3223-3230.

[49] 张桂琴,张仰森.直线往复式轨道自动导引车智能调度算法[J].计算机工 程,2009,35(15):176-178.

[50] LIU Y K,LI S S,LI J,et al. Operation policy research of double rail-guided vehicle based on simulation[C]//2010 International Conference on E-Product E-Service and E-Entertainment. [S. l. :s. n.],2010.

[51] 王晓宁.直线往复式轨道穿梭车避让策略仿真研究[D].北京:北京邮电大 学,2012.

[52] 李梅娟.自动化仓储系统优化方法的研究[D].大连:大连理工大学,2008.

[53] GANESHARAJAH T,HALL N G,SRISKANDARAJAH C. Design and operational issues in AGV-served manufacturing systems[J]. Annals of

operations research,1998,76:109-154.

[54] QIU L,HSU W J. A bi-directional path layout for conflict-free routing of AGVs[J]. International journal of production research,2001,39(10): 2177-2195.

[55] EGBELU P J. The use of non-simulation approaches in estimating vehicle requirements in an automated guided vehicle based transport system[J]. Material flow,1987,4(1):17-32.

[56] BEAMON B M,DESHPANDE A N. A mathematical programming approach to simultaneous unit-load and fleet-size optimisation in material handling systems design [J]. The international journal of advanced manufacturing technology,1998,14(11):858-863.

[57] VIS I F A. Survey of research in the design and control of automated guided vehicle systems[J]. European journal of operational research, 2006,170(3):677-709.

[58] KIM C W,TANCHOCO J M A,KOO P H. AGV dispatching based on workload balancing [J]. International journal of production research, 1999,37(17):4053-4066.

[59] LEE J. Composite dispatching rules for multiple-vehicle AGV systems [J]. Simulation,1996,66(2):121-130.

[60] SHAIKH E A,DHALE A D. AGV routing using Dijkstra's algorithm:a review[J]. International journal of scientific and engineering research, 2013,4(7):1665-1670.

[61] OBOTH C,BATTA R,KARWAN M. Dynamic conflict-free routing of automated guided vehicles [J]. International journal of production research,1999,37(9):2003-2030.

[62] 雷定猷,张兰. AGV 系统的调度优化模型[J]. 科学技术与工程,2008,8 (1):66-69.

[63] TAGHABONI-DUTTA F,TANCHOCO J M A. Comparison of dynamic routeing techniques for automated guided vehicle system [J]. International journal of production research,1995,33(10):2653-2669.

[64] 贺丽娜. AGV 系统运行路径优化技术研究[D]. 南京:南京航空航天大学,2012.

[65] GNANAVEL B A,JERALD J,NOORUL H A, et al. Scheduling of machines and automated guided vehicles in FMS using differential

evolution[J]. International journal of production research,2010,48(16):
4683-4699.

[66] HAMZHEEI M, FARAHANI R Z, RASHIDI-BAJGAN H. An ant
colony-based algorithm for finding the shortest bidirectional path for
automated guided vehicles in a block layout[J]. The international journal
of advanced manufacturing technology,2013,64(1):399-409.

[67] LANGEVIN A, LAUZON D, RIOPEL D. Dispatching, routing, and
scheduling of two automated guided vehicles in a flexible manufacturing
system[J]. International journal of flexible manufacturing systems,1996,
8(3):247-262.

[68] XIDIAS E K, NEARCHOU A C, ASPRAGATHOS N A. Integrating
path planning, routing, and scheduling for logistics operations in
manufacturing facilities [J]. Cybernetics and systems, 2012, 43 (3):
143-162.

[69] RAJOTIA S,SHANKER K,BATRA J L. A semi-dynamic time window
constrained routeing strategy in an AGV system[J]. International journal
of production research,1998,36(1):35-50.

[70] SINGH N,SARNGADHARAN P V, PAL P K. AGV scheduling for
automated material distribution:a case study[J]. Journal of intelligent
manufacturing,2011,22(2):219-228.

[71] SABUNCUOGLU I, HOMMERTZHEIM D L. Dynamic dispatching
algorithm for scheduling machines and automated guided vehicles in a
flexible manufacturing system[J]. International journal of production
research,1992,30(5):1059-1079.

[72] SABUNCUOGLU I,HOMMERTZHEIM D L. Experimental investigation of
FMS machine and AGV scheduling rules against the mean flow-time criterion
[J]. International journal of production research,1992,30(7):1617-1635.

[73] SABUNCUOGLU I. A study of scheduling rules of flexible manufacturing
systems:a simulation approach [J]. International journal of production
research,1998,36(2):527-546.

[74] SABUNCUOGLU I,HOMMERTZHEIM D L. Experimental investigation of
an FMS due-date scheduling problem:evaluation of machine and AGV
scheduling rules[J]. International journal of flexible manufacturing systems,
1993,5(4):301-323.

[75] BLAZEWICZ J, EISELT H A, FINKE G, et al. Scheduling tasks and vehicles in a flexible manufacturing system[J]. International journal of flexible manufacturing systems,1991,4(1):5-16.

[76] ANWAR M F, NAGI R. Integrated scheduling of material handling and manufacturing activities for just-in-time production of complex assemblies[J]. International journal of production research,1998,36(3): 653-681.

[77] LACOMME P, MOUKRIM A, TCHERNEV N. Simultaneous job input sequencing and vehicle dispatching in a single-vehicle automated guided vehicle system: a heuristic branch-and-bound approach coupled with a discrete events simulation model[J]. International journal of production research,2005,43(9):1911-1942.

[78] JERALD J, ASOKAN P, SARAVANAN R, et al. Simultaneous scheduling of parts and automated guided vehicles in an FMS environment using adaptive genetic algorithm [J]. The international journal of advanced manufacturing technology,2006,29(5):584-589.

[79] KIM C W, TANCHOCO J M A. Conflict-free shortest-time bidirectional AGV routeing[J]. International journal of production research,1991,29 (12):2377-2391.

[80] KRISHNAMURTHY N N, BATTA R, KARWAN M H. Developing conflict-free routes for automated guided vehicles [J]. Operations research,1993,41(6):1077-1090.

[81] HAO G, SHANG J S, VARGAS L G. A neural network model for the free-ranging AGV route-planning problem [J]. Journal of intelligent manufacturing,1996,7(3):217-227.

[82] RAJOTIA S, SHANKER K, BATRA J L. An heuristic for configuring a mixed uni/bidirectional flow path for an AGV system[J]. International journal of production research,1998,36(7):1779-1799.

[83] KESEN S E, BAYKOÇ Ö F. Simulation of automated guided vehicle (AGV) systems based on just-in-time (JIT) philosophy in a job-shop environment[J]. Simulation modelling practice and theory,2007,15(3): 272-284.

[84] UDHAYAKUMAR P, KUMANAN S. Task scheduling of AGV in FMS using non-traditional optimization techniques[J]. International journal of

simulation modelling,2010,9(1):28-39.

[85] 张伟,张秋菊.Dijkstra 算法在 AGV 调度系统中的应用[J].机械设计与制造工程,2015,44(5):61-64.

[86] 金芳,方凯,王京林.基于排队论的 AGV 调度研究[J].仪器仪表学报,2004,25(增刊1):844-846.

[87] 柳赛男,柯映林.自动化仓库系统 AGV 小车优化调度方法[J].组合机床与自动化加工技术,2008(6):23-25.

[88] 姚君遗,杨善林,左春荣.基于实例 FMS 的 AGV 调度数学模型与算法[J].合肥工业大学学报(自然科学版),1995,18(1):93-99.

[89] 杜亚江,郑向东,亢丽君.基于遗传禁忌搜索算法的 AGV 物料输送调度问题研究[J].物流科技,2013,36(7):1-4.

[90] NUHUT O U. Scheduling of automated guided vehicles[R]. Ankara: Bilkent University,1999.

[91] FAZLOLLAHTABAR H,SAIDI-MEHRABAD M,MASEHIAN E. Mathematical model for deadlock resolution in multiple AGV scheduling and routing network:a case study[J]. Industrial robot:an international journal,2015,42(3):252-263.

[92] GASKINS R J,TANCHOCO J M A. Flow path design for automated guided vehicle systems[J]. International journal of production research, 1987,25(5):667-676.

[93] ULUSOY G,BILGE Ü. Simultaneous scheduling of machines and automated guided vehicles [J]. International journal of production research,1993,31(12):2857-2873.

[94] BILGE Ü,ULUSOY G. A time window approach to simultaneous scheduling of machines and material handling system in an FMS[J]. Operations research,1995,43(6):1058-1070.

[95] ULUSOY G,SIVRIKAYA-ŞERIFOĞLU F,BILGE Ü. A genetic algorithm approach to the simultaneous scheduling of machines and automated guided vehicles[J].Computers and operations research,1997,24(4):335-351.

[96] AKTURK M S,YILMAZ H. Scheduling of automated guided vehicles in a decision making hierarchy[J]. International journal of production research,1996,34(2):577-591.

[97] KIM K H,BAE J W. A dispatching method for automated guided vehicles

to minimize delays of containership operations[J]. Management science and financial engineering,1999,5(1):1-25.

[98] KHAYAT G E,LANGEVIN A,RIOPEL D. Integrated production and material handling scheduling using mathematical programming and constraint programming[J]. European journal of operational research, 2006,175(3):1818-1832.

[99] FAZLOLLAHTABAR H, SAIDI-MEHRABAD M, BALAKRISHNAN J. Mathematical optimization for earliness/tardiness minimization in a multiple automated guided vehicle manufacturing system via integrated heuristic algorithms[J]. Robotics and autonomous systems,2015,72:131-138.

[100] FAZLOLLAHTABAR H,REZAIE B,KALANTARI H. Mathematical programming approach to optimize material flow in an AGV-based flexible jobshop manufacturing system with performance analysis[J]. The international journal of advanced manufacturing technology,2010, 51(9):1149-1158.

[101] 周支立,李怀祖. 抓钩排序问题综述[J]. 工业工程与管理,2001,6(4): 26-29.

[102] PHILLIPS L W,UNGER P S. Mathematical programming solution of a hoist scheduling program[J]. IIE transactions,1976,8(2):219-225.

[103] LEI L, WANG T J. A proof:the cyclic hoist scheduling problem is np-complete[R]. New Brunswick:Rutgers University,1989.

[104] SHAPIRO G W, NUTTLE H L W. Hoist scheduling for A PCB electroplating facility[J]. IIE transactions,1988,20(2):157-167.

[105] LEI L, WANG T J. Determining optimal cyclic hoist schedules in a single-hoist electroplating line[J]. IIE transactions,1994,26(2):25-33.

[106] CHEN H X,CHU C B,PROTH J M. Cyclic scheduling of a hoist with time window constraints [J]. IEEE transactions on robotics and automation,1998,14(1):144-152.

[107] NG W C. A branch and bound algorithm for hoist scheduling of a circuit board production line[J]. International journal of flexible manufacturing systems,1996,8(1):45-65.

[108] CHE A D,CHU C B. Cyclic hoist scheduling in large real-life electroplating lines[J]. OR spectrum,2007,29(3):445-470.

[109] VARNIER C, BAPTISTE P. Constraint logic programming and scheduling problems [C]//1996 IEEE International Conference on Systems, Man and Cybernetics. [S. l. ;s. n.],1996.

[110] RODOŠEK R, WALLACE M. A generic model and hybrid algorithm for hoist scheduling problems [M]//Principles and practice of constraint programming-CP98. Berlin, Heidelberg: Springer Berlin Heidelberg,1998.

[111] CHEN H X, CHU C B, PROTH J M. Cyclic hoist scheduling based on graph theory [C]//Proceedings 1995 INRIA/IEEE Symposium on Emerging Technologies and Factory Automation. Paris:[s. n.],1995.

[112] ZHOU Z L, LI L. Single hoist cyclic scheduling with multiple tanks:a material handling solution [J]. Computers and operations research, 2003,30(6):811-819.

[113] LAMOTHE J, CORREGE M, DELMAS J. A dynamic heuristic for the real time hoist scheduling problem[C]//Proceedings 1995 INRIA/IEEE Symposium on Emerging Technologies and Factory Automation. France:[s. n.],1995.

[114] 周支立,李怀祖. 单抓钩动态排序的启发式算法[J]. 系统工程理论方法应用,2002(2):136-140.

[115] 周支立,李怀祖. 一个改进的单抓钩周期性排序模型及其在自动化学处理线中的应用[J]. 高技术通讯,2003,13(9):59-62.

[116] LEI L, WANG T J. The minimum common-cycle algorithm for cyclic scheduling of two material handling hoists with time window constraints[J]. Management science,1991,37(12):1629-1639.

[117] 周支立,李怀祖. 无重叠区的双抓钩周期性排序问题的求解[J]. 运筹与管理,2006,15(2):1-7.

[118] 周支立,汪应洛. 无重叠区的两抓钩周期性排序问题的一个搜索求解法[J]. 系统工程,2007,25(4):104-109.

[119] ZHOU Z L, LI L. A solution for cyclic scheduling of multi-hoists without overlapping[J]. Annals of operations research,2009,168(1):5-21.

[120] MANIER M A, VARNIER C, BAPTISTE P. Constraint-based model for the cyclic multi-hoists scheduling problem[J]. Production planning and control,2000,11(3):244-257.

[121] 周支立,李怀祖. 有重叠的两抓钩周期性排序问题的启发式算法[J]. 西安

交通大学学报,2000,34(7):107-110.

[122] 周支立,李怀祖.有重叠两抓钩周期性排序问题的搜索求解方法[J].系统工程理论方法应用,2003,12(2):161-165.

[123] ZHOU Z L,LIU J Y. A heuristic algorithm for the two-hoist cyclic scheduling problem with overlapping hoist coverage ranges[J]. IIE transactions,2008,40(8):782-794.

[124] CHE A,CHU C. Single-track multi-hoist scheduling problem:a collision-free resolution based on a branch-and-bound approach[J]. International journal of production research,2004,42(12):2435-2456.

[125] LEUNG J M Y,ZHANG G Q,YANG X G,et al. Optimal cyclic multi-hoist scheduling:a mixed integer programming approach[J]. Operations research,2004,52(6):965-976.

[126] LEUNG J,ZHANG G Q. Optimal cyclic scheduling for printed circuit board production lines with multiple hoists and general processing sequence[J]. IEEE transactions on robotics and automation,2003,19 (3):480-484.

[127] LIU J Y,JIANG Y. An efficient optimal solution to the two-hoist no-wait cyclic scheduling problem[J]. Operations research,2005,53(2): 313-327.

[128] JIANG Y,LIU J Y. A new model and an efficient branch-and-bound solution for cyclic multi-hoist scheduling[J]. IIE transactions,2014,46 (3):249-262.

[129] CHUNG Y G,RANDHAWA S U,MCDOWELL E D. A simulation analysis for a transtainer-based container handling facility [J]. Computers and industrial engineering,1988,14(2):113-125.

[130] KIM K Y,KIM K H. A routing algorithm for a single transfer crane to load export containers onto a containership [J]. Computers and industrial engineering,1997,33(3/4):673-676.

[131] KIM K H,KIM K Y. An optimal routing algorithm for a transfer crane in port container terminals[J]. Transportation science,1999,33(1): 17-33.

[132] NARASIMHAN A,PALEKAR U S. Analysis and algorithms for the transtainer routing problem in container port operations [J]. Transportation science,2002,36(1):63-78.

［133］ KIM K H，LEE K M，HWANG H. Sequencing delivery and receiving operations for yard cranes in port container terminals［J］. International journal of production economics，2003，84(3)：283-292.

［134］ NG W C，MAK K L. An effective heuristic for scheduling a yard crane to handle jobs with different ready times［J］. Engineering optimization，2005，37(8)：867-877.

［135］ LEE B K，KIM K H. Comparison and evaluation of various cycle-time models for yard cranes in container terminals［J］. International journal of production economics，2010，126(2)：350-360.

［136］ 边展，靳志宏. 集装箱码头出口街区作业调度优化［J］. 中国科技论文，2014，9(11)：1252-1257.

［137］ 边展，李娜，李向军，等. 集装箱堆场预倒箱问题的混合优化算法［J］. 控制与决策，2014，29(2)：373-378.

［138］ 韩晓龙. 集装箱港口龙门吊的最优路径问题［J］. 上海海事大学学报，2005，26(2)：39-41.

［139］ NG W C. Crane scheduling in container yards with inter-crane interference ［J］. European journal of operational research，2005，164(1)：64-78.

［140］ LEE D H，MENG Q，CAO Z. Scheduling two-transtainer systems for loading operation of containers using revised genetic algorithm［C］//Transportation Research Board 85th Annual Meeting. ［S. l. ：s. n. ］，2006.

［141］ FROYLAND G，KOCH T，MEGOW N，et al. Optimizing the landside operation of a container terminal［J］. OR spectrum，2008，30(1)：53-75.

［142］ LI W，WU Y，PETERING M E，et al. Discrete time model and algorithms for container yard crane scheduling［J］. European journal of operational research，2009，198(1)：165-172.

［143］ STAHLBOCK R，VOB S. Efficiency considerations for sequencing and scheduling of double-rail-mounted gantry cranes at maritime container terminals［J］. International journal of shipping and transport logistics，2010，2(1)：95-123.

［144］ JAVANSHIR H，GANJI S. Yard crane scheduling in port container terminals using genetic algorithm［J］. Journal of industrial engineering，international，2010，6：39-50.

［145］ CAO J X，LEE D H，CHEN J H，et al. The integrated yard truck and yard crane scheduling problem：Benders' decomposition-based methods ［J］.

Transportation research part E: logistics and transportation review, 2010,46(3):344-353.

[146] WANG L,ZHU X N. Rail mounted gantry crane scheduling optimization in railway container terminal based on hybrid handling mode[J]. Computational intelligence and neuroscience,2014,2014:682486.

[147] WANG L,ZHU X N,XIE Z Y. Rail mounted gantry crane scheduling in rail-truck transshipment terminal[J]. Intelligent automation and soft computing,2016,22(1):61-73.

[148] WU Y,LI W K,PETERING M E H,et al. Scheduling multiple yard cranes with crane interference and safety distance requirement[J]. Transportation science,2015,49(4):990-1005.

[149] 乐美龙,殷际龙.堆场龙门吊调度问题研究[J].计算机工程与应用,2013, 49(7):267-270.

[150] 王展,陆志强,潘尔顺.堆区混贝的堆场场吊调度模型与算法[J].系统工程理论与实践,2012,32(1):182-188.

[151] 边展,李向军,靳志宏.基于规则模拟的堆场取箱作业调度[J].计算机集成制造系统,2013,19(10):2615-2624.

[152] 边展,杨惠云,靳志宏.基于两阶段混合动态规划算法的龙门吊路径优化[J].运筹与管理,2014,23(3):56-63.

[153] 朱大铭,马绍汉.算法设计与分析[M].北京:高等教育出版社,2009.

[154] SRINIVAS M,PATNAIK L M. Adaptive probabilities of crossover and mutation in genetic algorithms[J]. IEEE transactions on systems,man, and cybernetics,1994,24(4):656-667.

[155] PALIT A K,POPOVIC D. Adaptive genetic algorithms[M]//Computational Intelligence in Time Series Forecasting. London:Springer-Verlag,2006.

[156] WU Q H, CAO Y J, WEN J Y. Optimal reactive power dispatch using an adaptive genetic algorithm [J]. International journal of electrical power and energy systems,1998,20(8):563-569.

[157] HINTERDING R, MICHALEWICZ Z, PEACHEY T C. Self-adaptive genetic algorithm for numeric functions[M]//Parallel Problem Solving from Nature-PPSN IV. Berlin,Heidelberg:Springer Berlin Heidelberg, 1996:420-429.

[158] HINTERDING R. Self-adaptation using multi-chromosomes[C]//Proceedings of 1997 IEEE International Conference on Evolutionary Computation.

〔S. l. ;s. n. 〕,1997.

[159] HO C W,LEE K H,LEUNG K S. A genetic algorithm based on mutation and crossover with adaptive probabilities〔C〕//Proceedings of the 1999 Congress on Evolutionary Computation. Washington:〔s. n. 〕,1999.

[160] ZHANG J,CHUNG H S H,HU B J. Adaptive probabilities of crossover and mutation in genetic algorithms based on clustering technique〔C〕// Evolutionary Computation,2004. 〔S. l. ;s. n. 〕,2004.

[161] ZHANG J, CHUNG H S H, LO W L. Clustering-based adaptive crossover and mutation probabilities for genetic algorithms〔J〕. IEEE transactions on evolutionary computation,2007,11(3):326-335.

[162] 王小平,曹立明. 遗传算法:理论、应用与软件实现〔M〕. 西安:西安交通大学出版社,2000.

[163] 王成栋,张优云. 基于实数编码的自适应伪并行遗传算法〔J〕. 西安交通大学学报,2003,37(7):707-710.

[164] 王万良,吴启迪,宋毅. 求解作业车间调度问题的改进自适应遗传算法〔J〕. 系统工程理论与实践,2004,24(2):58-62.

[165] GLOVER F. Tabu search-part Ⅰ〔J〕. ORSA journal on computing, 1989,1(3):190-206.

[166] GLOVER F, KELLY J P, LAGUNA M. Genetic algorithms and tabu search:hybrids for optimization〔J〕. Computers and operations research, 1995,22(1):111-134.

[167] THAMILSELVAN R,BALASUBRAMANIE D P. Integrating genetic algorithm, tabu search approach for job shop scheduling 〔J〕. International journal of computer science and information security, 2009,2(1):1-6.

[168] 李大卫,王莉,王梦光. 遗传算法与禁忌搜索算法的混合策略〔J〕. 系统工程学报,1998,13(3):28-34.

[169] 竺长安,齐继阳,曾议. 基于遗传禁忌混合搜索算法的设备布局研究〔J〕. 系统工程与电子技术,2006,28(4):630-632.

[170] MEERAN S,MORSHED M S. A hybrid genetic tabu search algorithm for solving job shop scheduling problems:a case study〔J〕. Journal of intelligent manufacturing,2012,23(4):1063-1078.

[171] 董建华,肖田元,赵银燕. 遗传禁忌搜索算法在混流装配线排序中的应用〔J〕. 工业工程与管理,2003,8(2):14-17.

[172] 任传祥,郇宜军,尹唱唱.基于遗传禁忌搜索算法的公交调度研究[J].山东科技大学学报(自然科学版),2008,27(4):53-56.

[173] 王晓博,任春玉,元野.一类最小-最大车辆路线问题的启发式算法研究[J].运筹与管理,2013,22(6):26-33.

[174] LI X Y,GAO L. An effective hybrid genetic algorithm and tabu search for flexible job shop scheduling problem[J]. International journal of production economics,2016,174:93-110.

[175] DING C,HE H L,WANG W W,et al. Optimal strategy for intelligent rail guided vehicle dynamic scheduling[J]. Computers and electrical engineering,2020,87:106750.

[176] 刘洪伟,胡琪,徐冉,等.基于直线往复单智能 RGV 系统单工序调度研究[J].工业工程,2020,23(2):34-40.

[177] 冯倩倩,周伟刚,吴远鸿,等.两道工序智能加工系统调度模型[J].数学的实践与认识,2019,49(18):1-6.

[178] 王和旭,谢飞,张伟.口腔设备加工系统的 RGV 动态调度[J].西北大学学报(自然科学版),2020,50(1):16-22.

[179] 黎永壹,韩开旭.基于排队论智能 RGV 的动态调度策略的研究[J].中国电子科学研究院学报,2019,14(6):660-666.

[180] 李国民,高亮,李新宇.不确定性环境下轨道自动导引车动态调度[J].中国机械工程,2019,30(8):926-931.

[181] 陈华,孙启元.基于 TS 算法的直线往复 2-RGV 系统调度研究[J].工业工程与管理,2015,20(5):80-88.

[182] 胡朋朋.AS/RS 入库过程中直线往复双穿梭车系统调度优化研究[D].西安:西安科技大学,2020.

[183] 王泽坤,罗福源,袁启虎.基于区域自治的多 RGV 分布式动态路径规划算法[J].机械制造与自动化,2019,48(4):110-115.

[184] 黄凯明,卢才武,连民杰.三层级设施选址-路径规划问题建模及算法研究[J].系统工程理论与实践,2018,38(3):743-754.

[185] 陈刚,付江月,何美玲.考虑居民选择行为的应急避难场所选址问题研究[J].运筹与管理,2019,28(9):6-14.

[186] 张良安,马寅东,单家正,等.基于遗传算法和 Petri 网络的机器人装配生产线平衡方法[J].食品与机械,2012,28(2):79-82.

[187] 李军民,林淑飞,高让礼.用混合遗传算法求解多目标 TSP 问题[J].西安科技大学学报,2006,26(4):515-518.

［188］魏津瑜,于洋,杨欣.质量缺陷生鲜品库存与筛选决策研究［J］.工业工程与管理,2019,24(2):1-8.

［189］郭凡,李东,许犇.易燃品仓库群三维移动智慧巡检路径优化［J］.西安科技大学学报,2019,39(1):160-167.

［190］王镇道,陈义.基于灾变遗传算法的二叉判定图最小化算法［J］.计算机工程与应用,2015,51(3):55-60.

［191］赵金帅,鲁瑞华.一种用于防止早熟收敛的改进遗传算法［J］.西南大学学报(自然科学版),2008,30(1):156-159.

［192］徐力,刘云华,王启富.自适应遗传算法在机器人路径规划的应用［J］.计算机工程与应用,2020,56(18):36-41.

［193］楚克明,吴立云.自适应遗传算法在混流装配线排序中的应用［J］.现代制造工程,2019(9):37-40.

［194］孙波,姜平,周根荣,等.基于改进遗传算法的 AGV 路径规划［J］.计算机工程与设计,2020,41(2):550-556.

［195］OUYANG S. An improved catastrophic genetic algorithm and its application in reactive power optimization［J］. Energy and power engineering,2010,2(4):306-312.

［196］江唯,何非,童一飞,等.基于混合算法的环形轨道 RGV 系统调度优化研究［J］.计算机工程与应用,2016,52(22):242-247.

［197］向旺,吴双,张可义,等.基于排队论的环形穿梭车系统运行参数分析［J］.制造业自动化,2018,40(6):151-153.

［198］刘建胜,张有功,熊峰,等.Flying-V 型仓储布局货位分配优化方法研究［J］.运筹与管理,2019,28(11):27-33.

［199］李建斌,周泰,徐礼平,等.货运 O2O 平台有时间窗同城零担集货匹配优化决策［J］.系统工程理论与实践,2020,40(4):978-988.

［200］WANG L,TANG D B. An improved adaptive genetic algorithm based on hormone modulation mechanism for job-shop scheduling problem［J］. Expert systems with applications,2011,38(6):7243-7250.

［201］MARTINA C,ALESSANDRO P,FABIO S. Modelling of rail guided vehicles serving an automated parts-to-picker system［J］. IFAC-Papers on line,2018,51(11):1476-1481.

［202］石梦华.自动化立体仓库环形 2-RGV 系统的出库调度优化研究［D］.西安:西安科技大学,2020.

［203］HU W H,MAO J F,WEI K J. Energy-efficient rail guided vehicle routing for two-sided loading/unloading automated freight handling system[J]. European journal of operational research, 2017, 258 (3): 943-957.

[204] MOLINA J C, EGUIA I, RACERO J. Reducing pollutant emissions in a waste collection vehicle routing problem using a variable neighborhood tabu search algorithm: a case study[J]. Top, 2019, 27(2): 253-287.

[205] KARAKOSTAS P, SIFALERAS A, GEORGIADIS M C. A general variable neighborhood search-based solution approach for the location-inventory-routing problem with distribution outsourcing[J]. Computers and chemical engineering, 2019, 126: 263-279.

[206] MARINAKIS Y, MARINAKI M, MIGDALAS A. A multi-adaptive particle swarm optimization for the vehicle routing problem with time windows[J]. Information sciences, 2019, 481: 311-329.

[207] 张硕, 钱晓明, 楼佩煌, 等. 基于改进粒子群算法的大规模自动导引车系统路径规划优化[J]. 计算机集成制造系统, 2020, 26(9): 2484-2496.

[208] SHI Y, EBERHART R. A modified particle swarm optimizer[C]//1998 IEEE International Conference on Evolutionary Computation Proceedings. Anchorage: [s. n.], 1998.

附　　录

附录 A　第 4 章部分算例计算结果

表 1　2-RGV 无重叠区小规模算例的解

S2 的最优解	出库顺序	$J_{34},J_{42},J_{31},J_{43},J_{22},J_{33},J_{11},J_{41}$
	所属车辆	1,2,1,2,1,2,1,2
	出库站号	1,2,1,2,1,2,1,2
	开始时间/s	23,23,48.5,48.5,69.5,69.5,90.5,90.5
S3 的最优解	出库顺序	$J_{22},J_{12},J_{11},J_{32},J_{21},J_{31},J_{14},J_{41},J_{23},J_{33},J_{13},J_{42}$
	所属车辆	2,1,1,2,1,2,1,2,1,2,1,2
	出库站号	2,1,1,2,1,2,1,2,1,2,1,2
	开始时间/s	15.5,17.5,36.5,36.5,54,54,71.5,71.5,89,89,106.5,106.5
S6 的最好解	出库顺序	$J_{62},J_{42},J_{52},J_{31},J_{61},J_{41},J_{51},J_{32},J_{71},J_{22},J_{81},J_{12},J_{72},J_{21},$ J_{11},J_{82}
	所属车辆	2,1,2,1,2,1,2,1,2,1,2,1,2,1,1,2
	出库站号	3,2,3,2,3,2,3,2,4,1,4,1,4,1,1,4
	开始时间/s	15.5,17,33,34.5,50.5,52,68,69.5,87,87,104.5,104.5,122, 122,139.5,139.5

表 2　2-RGV 无重叠区算例 M2 遗传算法最好解

出库顺序	$J_{86},J_{35},J_{82},J_{43},J_{41},J_{85},J_{33},J_{72},J_{84},J_{44},J_{73},J_{14},J_{81},J_{23},J_{71},J_{11},J_{83},J_{31},J_{61},J_{47},$ $J_{51},J_{32},J_{62},J_{21},J_{45},J_{13},J_{46},J_{17},J_{53},J_{15},J_{64},J_{12},J_{42},J_{22},J_{16},J_{54},J_{63},J_{48},J_{52},J_{34}$

表 2(续)

所属车辆	2,1,2,1,1,2,1,2,2,1,2,1,2,1,2,1,2,1,2,1,2,1,2,1,2,1,2,1,2,1,1,2,2, 1,2,1
出库站号	4,2,4,2,2,4,2,4,4,2,4,1,4,1,4,2,3,2,3,2,3,1,3,1,3,1,3,1,3,1,3,1,1,3,3, 2,3,2
开始时间/s	17.5,18.5,36.5,36.5,55.5,55.5,73,73,90.5,90.5,108,111,125.5,128.5,143,146, 160.50,165,179.5,182.5,197,200,214.5,217.5,233.5,235,255.5,256.5,276, 276.5,293.5,296.5,312.5,314,331.5,333,350.5,352,368,369.5

表 3 2-RGV 无重叠区算例 M4 遗传算法最好解

出库顺序	J_{48},J_{12},J_{56},J_{35},J_{63},J_{47},J_{31},J_{57},J_{61},J_{16},J_{51},J_{14},J_{27},J_{49},J_{53},J_{34},J_{62},J_{15},J_{42},J_{22}, J_{33},J_{82},J_{24},J_{43},J_{18},J_{54},J_{25},J_{41},J_{13},J_{55},J_{23},J_{46},J_{17},J_{52},J_{21},J_{45},J_{11},J_{26},J_{81},J_{32}, J_{72},J_{44},J_{83},J_{36},J_{71}
所属车辆	2,1,2,1,2,1,1,2,2,1,2,1,1,2,2,1,2,1,2,1,1,2,1,2,1,2,1,2,1,2,1,2,1,2,1, 1,2,1,2,1,2,1,2
出库站号	3,1,3,2,3,2,2,3,3,1,3,1,1,3,3,2,3,1,3,1,2,4,1,3,1,3,1,3,1,3,1,3,1,3,1, 1,4,2,4,2,4,2,4
开始时间/s	22,22,45,45,66,66,87,87,108,109,129,131,152,152,175,175,196,197,218,218, 239,242,260,266,281,289,302,312,323,335,344,358,365,381,386,404,407,428, 428,449,449,470,470,491,491

表 4 2-RGV 无重叠区算例 M5 遗传算法最好解

出库顺序	J_{17},J_{73},J_{27},J_{82},J_{72},J_{38},J_{29},J_{81},J_{14},J_{71},J_{62},J_{22},J_{53},J_{37},J_{63},J_{35},J_{49},J_{11},J_{34},J_{23}, J_{46},J_{13},J_{43},J_{24},J_{48},J_{15},J_{42},J_{28},J_{52},J_{32},J_{66},J_{31},J_{41},J_{25},J_{18},J_{45},J_{39},J_{65},J_{12},J_{51}, J_{64},J_{36},J_{26},J_{54},J_{33},J_{61},J_{44},J_{21},J_{47},J_{16}
所属车辆	1,2,1,2,2,1,1,2,1,2,2,1,2,1,2,1,2,1,2,1,2,1,2,1,2,1,2,1,2,1,1,2,1, 2,1,2,2,1,1,2,1,2,2,1,2,1
出库站号	1,4,1,4,4,2,1,4,1,4,3,1,3,2,3,2,2,1,2,1,2,1,2,1,2,1,3,2,3,2,2,1,1,2,2, 3,1,3,3,2,1,3,2,3,2,1,2,1
开始时间/s	15.5,15.5,33,33,50.5,50.5,68,68,85.5,85.5,103,103,120.5,120.5,138,142,157, 161,174.5,178.5,192,196,211.5,213.5,230.5,231,249.5,249.5,270,270,287.5, 291.5,306.5,309,326.5,326.5,345.5,348.5,364.5,366,383.5,383.5,401,401, 418.5,418.5,437.5,437.5,457,457

表 5　2-RGV 无重叠区算例 M7 遗传算法最好解

出库顺序	J_{26},J_{66},J_{14},J_{53},J_{43},J_{55},J_{41},J_{57},J_{64},J_{16},J_{22},J_{56},J_{62},J_{37},J_{47},J_{75},J_{36},J_{85},J_{45},J_{72}, J_{87},J_{35},J_{42},J_{74},J_{31},J_{83},J_{27},J_{76},J_{84},J_{13},J_{77},J_{24},J_{82},J_{11},J_{71},J_{25},J_{86},J_{12},J_{73},J_{21}, J_{81},J_{15},J_{23},J_{65},J_{17},J_{52},J_{61},J_{34},J_{51},J_{46},J_{63},J_{33},J_{54},J_{44},J_{32},J_{67}
所属车辆	1,2,1,2,1,2,1,2,2,1,1,2,2,1,1,2,1,2,1,2,2,1,1,2,1,2,1,2,2,1,2,1,2,1,2,1,2, 1,2,1,2,1,1,2,1,2,2,1,2,1,2,1,2,1,1,2
出库站号	1,3,1,3,2,3,2,3,3,1,1,3,3,2,2,4,2,4,2,4,4,2,2,4,2,4,1,4,4,1,4,1,4,1,4,1,4, 1,4,1,4,1,1,3,1,3,3,2,3,2,3,2,3,2,2,3
开始时间/s	38,40,60,62,83,85,105,107,127,128,148,149,169,169,191,190,211,212,233,232, 254,253,275,274,295,296,316,316,338,338,358,358,380,380,400,400,422,422, 442,442,464,464,484,485,506,507,527,527,549,549,569,569,591,591,611,611

表 6　2-RGV 无重叠区算例 M10 遗传算法最好解

出库顺序	J_{26},J_{55},J_{48},J_{54},J_{61},$J_{(2,10)}$,J_{57},J_{19},$J_{2,12}$,J_{64},J_{13},J_{56},J_{24},J_{63},J_{18},J_{51},J_{62},J_{42},J_{52}, J_{31},$J_{2,13}$,J_{84},J_{72},J_{45},$J_{(8,12)}$,J_{14},J_{78},J_{47},J_{87},J_{46},J_{79},$J_{(2,11)}$,J_{85},J_{43},J_{75},J_{21}, $J_{(8,10)}$,J_{28},J_{76},J_{32},J_{89},J_{44},J_{83},J_{77},J_{15},J_{88},J_{22},J_{17},J_{82},J_{25},J_{71},J_{12},J_{86},J_{23},J_{74}, $J_{(8,11)}$,J_{16},J_{27},J_{73},J_{11},J_{81},J_{29},J_{65},J_{53},J_{41}
所属车辆	1,2,1,2,2,1,2,1,1,2,1,2,1,2,2,1,2,1,1,2,1,2,1,2,1,2,1,2,1,2,1,2, 1,2,1,2,1,2,2,1,2,1,1,2,1,2,1,2,1,2,2,1,1,2,1,2,1,2,2,1
出库站号	1,3,2,3,3,1,3,1,1,3,1,3,1,3,3,2,3,2,1,4,4,2,4,1,4,2,4,2,4,1,4,2,4,1,4, 1,4,2,4,2,4,4,1,4,1,1,4,1,4,1,4,1,4,4,1,1,4,1,4,1,3,3,2
开始时间/s	18,20.5,40,42.5,63.5,63.5,84.5,84.5,105.5,105.5,126.5,126.5,147.5,147.5,168.5, 168.5,189.5,191.5,210.5,212.5,233.5,233.5,254.5,255.5,275.5,278.5,296.5,301.5, 317.5,332,338.5,354,359.5,376,380.5,398,401.5,420,422.5,441,443.5,462,465.5, 486.5,486.5,507.5,507.5,528.5,529.5,549.5,550.5,570.5,571.5,591.5,592.5,613.5, 613.5,634.5,634.5,655.5,655.5,676.5,677.5,698.5,698.5

表 7　2-RGV 无重叠区算例 L1 遗传算法最好解

出库顺序	J_{15},J_{83},J_{27},$J_{(7,13)}$,J_{14},J_{87},J_{23},$J_{(7,11)}$,J_{63},J_{17},J_{29},$J_{(7,12)}$,J_{13},J_{86},J_{28},J_{77},J_{11}, J_{69},J_{76},J_{22},J_{12},J_{82},J_{26},J_{74},J_{16},J_{55},J_{25},J_{66},J_{18},J_{71},J_{24},J_{57},J_{42},J_{72},J_{67},J_{53}, $J_{(7,10)}$,J_{36},J_{21},J_{52},J_{37},J_{73},J_{85},J_{58},J_{38},J_{65},J_{56},J_{43},J_{33},J_{79},J_{44},J_{68},J_{39},J_{75},J_{84}, J_{54},J_{62},J_{34},J_{51},J_{45},J_{35},J_{64},J_{41},J_{59},J_{61},J_{32},J_{78},$J_{(5,10)}$,J_{81},J_{31}
所属车辆	1,2,1,2,1,2,1,2,2,1,1,2,1,2,1,2,1,2,2,1,1,2,1,2,1,2,1,2,1,2,1,2,2,1,2, 1,1,2,1,2,2,1,1,2,1,2,1,2,2,1,2,1,1,2,2,1,2,1,2,1

表7(续)

出库站号	1,4,1,4,1,4,1,4,3,1,1,4,1,4,1,4,1,3,4,1,1,4,1,4,1,3,1,3,1,4,1,3,2,4,3,2,4, 2,1,3,2,4,4,2,2,3,3,2,2,4,2,3,2,4,4,2,3,2,3,2,2,3,2,3,3,2,4,2,4,2
开始时间/s	17,17,36.25,36.25,55.5,55.5,74.75,74.75,94,94,113.25,113.25,132.5,132.5, 151.75,151.75,171,171,190.25,190.25,209.5,209.5,228.75,228.75,248,249.25, 267.25,268.5,286.5,287.75,305.75,308.25,326.25,328.75,348,348,367.25, 368.5,387.75,387.75,407,408.25,427.5,427.5,448,448,467.25,467.25,486.5, 487.75,505.75,507,525,526.25,545.5,545.5,566,566,585.25,585.25,604.5, 604.5,623.75,623.75,643,643,662.25,663.5,681.5,684

附录B 第5章部分算例计算结果

表8 2-RGV 有重叠区小规模算例的解

S2 的最优解	出库顺序	$J_{33},J_{42},J_{31},J_{43},J_{21},J_{34},J_{41},J_{11},J_{22},J_{32}$
	所属车辆	1,2,1,2,1,2,2,1,1,2
	出库站号	1,2,1,2,1,2,2,1,1,2
	开始时间/s	20,23,45.5,48.5,66.5,69.5,90.5,90.5,111.5,111.5
S3 的最好解	出库顺序	$J_{22},J_{12},J_{23},J_{32},J_{41},J_{13},J_{21},J_{33},J_{14},J_{31},J_{42},J_{11}$
	所属车辆	2,1,1,2,2,1,1,2,1,2,2,1
	出库站号	2,1,1,2,2,1,1,2,1,2,2,1
	开始时间/s	33,35,51,51,70,70,86,86,105,103.5,122.5,124
S7 的最好解	出库顺序	$J_{42},J_{21},J_{44},J_{11},J_{51},J_{22},J_{45},J_{54},J_{32},J_{52},J_{31},J_{61},J_{41},J_{53},$ $J_{23},J_{81},J_{43},J_{71}$
	所属车辆	2,1,2,1,2,1,1,2,1,2,1,2,1,2,1,2,1,2
	出库站号	2,1,2,1,3,1,2,3,2,3,2,3,2,3,1,4,2,4
	开始时间/s	17,21,37.5,40.25,59.25,59.5,80,80.65,99.25,101.15, 117.25,120.4,136.5,139.65,157,161.4,177.5,180.65

表9 2-RGV 有重叠区算例 S12 GATS算法最好解

出库顺序	$J_{54},J_{44},J_{61},J_{21},J_{56},J_{15},J_{22},J_{42},J_{18},J_{31},J_{45},J_{16},J_{58},J_{33},J_{52},J_{14},J_{82},J_{51},J_{71},J_{43},$ $J_{81},J_{11},J_{57},J_{32},J_{63},J_{13},J_{53},J_{17},J_{62},J_{55},J_{41},J_{83},J_{12}$
所属车辆	2,1,2,1,2,1,1,2,1,2,2,1,2,1,2,1,2,1,2,1,2,1,2,1,2,1,2,1,2,2,1,2,1

出库站号	3,2,3,1,3,1,1,2,1,2,2,1,3,2,3,1,4,3,4,2,4,1,3,2,3,1,3,1,3,3,2,4,1
开始时间/s	36.25,36.25,54.25,55.5,74.75,76,94,96.5,114.5,114.5,135,135.9,156.75, 155.5,177.25,177.25,199,200.85,217,222.6,237.5,244.35,259.25,263.6,277.25, 285.35,297.75,313.35,315.75,336.25,336.25,358,358

表 10 2-RGV 有重叠区算例 M3 GATS 算法最好解

出库顺序	J_{82},J_{52},J_{71},J_{65},J_{81},J_{53},J_{72},J_{44},J_{85},J_{54},J_{88},J_{16},J_{64},J_{34},J_{51},J_{15},J_{62},J_{21},J_{84},J_{17}, J_{61},J_{36},J_{83},J_{13},J_{73},J_{35},J_{86},J_{14},J_{87},J_{42},J_{63},J_{19},J_{45},J_{23},J_{33},J_{12},J_{43},J_{22},J_{32},J_{11}, J_{41},J_{18},J_{31}
所属车辆	2,1,2,1,2,1,2,1,2,1,2,1,2,1,2,1,2,1,2,1,2,1,2,1,2,1,2,1,2,1,2,1,2, 1,2,1,2,1,2
出库站号	4,3,4,3,4,3,4,2,4,3,4,1,3,2,3,1,3,1,4,1,3,2,4,1,4,2,4,1,4,2,3,1,2,1,2,1,2, 1,2,1,2,1,2
开始时间/s	17,21,36.25,40.25,55.5,59.5,74.75,81.25,94,103,115.4,128.5,135.9,149, 155.15,169.5,174.4,188.75,194.9,208,215.4,228.5,235.9,249,255.15,269.5, 274.4,290,295.8,311.75,316.3,333.5,336.8,352.75,356.05,372,375.3,391.25, 394.55,410.5,413.8,431.5,433.05

表 11 2-RGV 有重叠区算例 M4 GATS 算法最好解

出库顺序	J_{18},J_{49},J_{22},J_{48},J_{23},J_{51},J_{13},J_{45},J_{14},J_{33},J_{12},J_{43},J_{27},J_{46},J_{15},J_{32},J_{26},J_{57},J_{16},J_{41}, J_{21},J_{53},J_{35},J_{82},J_{11},J_{24},J_{72},J_{81},J_{17},J_{71},J_{25},J_{55},J_{42},J_{34},J_{62},J_{44},J_{54},J_{61},J_{36},J_{56}, J_{47},J_{63},J_{31},J_{52},J_{83}
所属车辆	1,2,1,2,1,2,1,2,1,2,1,2,1,2,1,2,1,2,1,1,2,2,1,2,1,2,1,1,2,1,2, 2,1,2,1,2,1,1,2
出库站号	1,2,1,2,1,3,1,2,1,2,1,2,1,2,1,3,1,2,1,3,2,4,1,1,4,4,1,4,1,3,2,2,3,2,3, 3,2,3,2,3,2,3,4
开始时间/s	20.5,25.5,41.5,47.5,61.5,70.5,82.5,93.5,104.5,114.5,126.5,135.5,147.5,161, 168.5,182,189.5,204,210.5,227,231.5,250,252.5,273,274.5,295.5,295.5,316.5, 316.5,337.5,337.5,359.50,359.5,380.5,380.5,401.5,401.5,422.5,422.5,443.5, 443.5,464.5,464.5,486.5,486.5

表 12　2-RGV 有重叠区算例 M8 GATS 算法最好解

出库顺序	$J_{61}, J_{2,10}, J_{53}, J_{16}, J_{28}, J_{66}, J_{11}, J_{54}, J_{64}, J_{26}, J_{17}, J_{84}, J_{73}, J_{(3,10)}, J_{82}, J_{41}, J_{35}, J_{62}, J_{44},$ $J_{83}, J_{43}, J_{72}, J_{31}, J_{68}, J_{45}, J_{51}, J_{69}, J_{18}, J_{21}, J_{47}, J_{14}, J_{37}, J_{(3,12)}, J_{27}, J_{42}, J_{(1,10)}, J_{25},$ $J_{39}, J_{32}, J_{12}, J_{34}, J_{22}, J_{46}, J_{15}, J_{24}, J_{38}, J_{13}, J_{33}, J_{65}, J_{(1,11)}, J_{36}, J_{81}, J_{23}, J_{71}, J_{63}, J_{19},$ $J_{29}, J_{52}, J_{(3,11)}, J_{67}$
所属车辆	2,1,2,1,1,2,1,2,2,1,1,2,2,1,2,1,1,2,1,2,1,2,1,2,2,1,1,2,1,2,2,1,2,1,1, 2,2,1,2,1,2,1,1,2,1,2,2,1,1,2,1,2,1,2,2,1,1,2,1,2
出库站号	3,1,3,1,1,3,1,3,3,1,1,4,4,2,4,2,2,3,2,4,2,4,4,2,3,2,3,3,1,1,2,1,2,2,1,2,1,1, 2,2,1,2,1,2,1,1,2,1,2,3,1,2,4,1,4,3,1,1,3,2,3
开始时间/s	17.5,17.5,35,35,52.5,52.5,70,70,87.5,87.5,105,106.5,124,124,141.5,141.5, 159,160.5,176.5,179.5,196,197,213.5,214.5,231,232,249.5,251.5,269,269, 286.5,286.5,304,304,321.5,321.5,339,339,356.5,356.5,374,374,391.5,391.5, 409,409,426.5,427.5,448,448,467,467,484.5,484.5,502,502,519.5,519.5, 537,537

表 13　2-RGV 有重叠区算例 M9 GATS 算法最好解

出库顺序	$J_{31}, J_{17}, J_{58}, J_{45}, J_{67}, J_{32}, J_{78}, J_{41}, J_{54}, J_{14}, J_{68}, J_{22}, J_{55}, J_{19}, J_{71}, J_{27}, J_{61}, J_{15}, J_{75}, J_{21},$ $J_{82}, J_{18}, J_{26}, J_{73}, J_{43}, J_{59}, J_{(7,10)}, J_{12}, J_{24}, J_{57}, J_{13}, J_{62}, J_{23}, J_{53}, J_{11}, J_{63}, J_{25}, J_{52}, J_{16},$ $J_{84}, J_{42}, J_{79}, J_{33}, J_{(5,10)}, J_{46}, J_{64}, J_{44}, J_{(5,11)}, J_{81}, J_{56}, J_{76}, J_{66}, J_{(5,12)}, J_{85}, J_{69}, J_{74},$ $J_{77}, J_{(5,13)}, J_{83}, J_{65}, J_{72}, J_{51}$
所属车辆	2,1,2,1,2,1,2,1,2,1,2,1,2,1,2,1,2,1,2,1,2,1,1,2,1,2,2,1,1,2,1,2,1,2,1,2,1, 2,1,2,1,2,1,2,1,2,2,1,2,1,1,2,1,2,2,1,2,1,2,1
出库站号	2,1,3,2,3,2,4,2,3,1,3,1,3,1,4,1,3,1,4,1,4,1,1,4,2,3,4,1,1,3,1,3,1,3,1,3,1, 3,1,4,2,4,2,3,2,3,2,3,4,3,4,3,3,4,3,4,4,3,4,3
开始时间/s	19.2,19.2,39.7,40.95,58.95,60.2,78.2,79.5,98.7,101.2,117.95,120.45,137.2, 139.7,157.7,158.95,176.95,178.2,196.2,197.45,215.45,216.7,235.95,235.95, 256.45,256.45,276.95,278.2,297.45,297.45,316.7,316.72,335.95,335.95,355.2, 355.2,374.45,374.45,393.7,396.2,415.450012,415.450012,434.7,435.95,453.95, 455.2,474.45,474.45,496.2,496.2,515.45,515.45,534.7,534.7,553.95,553.95, 572.95,573.2,592.2,592.45,611.45,611.7

表 14　2-RGV 有重叠区算例 M10 GATS 算法最好解

出库顺序	$J_{14}, J_{56}, J_{23}, J_{64}, J_{52}, J_{18}, J_{26}, J_{65}, J_{17}, J_{53}, J_{62}, J_{22}, J_{(7,10)}, J_{19}, J_{8,10}, J_{27}, J_{11}, J_{72}, J_{84},$ $J_{29}, J_{16}, J_{75}, J_{87}, J_{25}, J_{7,13}, J_{15}, J_{24}, J_{88}, J_{(7,11)}, J_{12}, J_{83}, J_{21}, J_{13}, J_{77}, J_{55}, J_{28}, J_{(1,10)},$ $J_{76}, J_{33}, J_{86}, J_{44}, J_{58}, J_{31}, J_{74}, J_{82}, J_{57}, J_{66}, J_{(7,12)}, J_{59}, J_{41}, J_{42}, J_{79}, J_{34}, J_{89}, J_{45}, J_{61},$ $J_{32}, J_{51}, J_{43}, J_{78}, J_{(5,10)}, J_{85}, J_{67}, J_{73}, J_{81}, J_{54}, J_{63}, J_{71}$

表 14(续)

所属车辆	1,2,1,2,2,1,1,2,1,2,2,1,2,1,2,1,1,2,2,1,1,2,2,1,2,1,1,2,2,1,2,1,1,2,2,1,1, 2,1,2,1,2,1,2,2,1,1,2,2,1,1,2,1,2,1,2,1,2,1,2,1,2,1,2,2,1,1,2
出库站号	1,3,1,3,3,1,1,3,1,3,3,1,4,1,4,1,1,4,4,1,1,4,4,1,4,1,1,4,4,1,1,4,3,1,1, 4,2,4,2,3,2,4,4,3,3,4,3,2,2,4,4,2,4,2,3,2,3,2,4,3,4,3,4,4,3,3,4
开始时间/s	37,37,53,53,72,72,88,88,107,107,123,123,140.5,142,159.5,158,177,175.5, 194.5,193,212,210.5,229.5,228,245.5,247,263,264.5,280.5,282,299.5,298,317, 315.5,336,334.5,353.5,353.5,371,372.5,390,393,406,410.5,429.5,429.5,445.5, 445.5,466,466,485.5,484,501.5,503,520.5,520.5,536.5,539.5,555.5,557,576, 576,592,592,611,611,627,627

表 15　2-RGV 有重叠区算例 L1 GATS 算法最好解

出库顺序	J_{15},J_{83},J_{26},J_{76},J_{39},J_{61},J_{73},J_{28},J_{85},J_{17},J_{23},$J_{(7,13)}$,J_{13},J_{69},$J_{5,10}$,J_{24},J_{66},J_{11},J_{55}, J_{25},J_{33},J_{77},J_{86},J_{52},J_{78},J_{41},J_{57},J_{31},J_{27},J_{75},J_{38},J_{68},J_{42},J_{79},J_{62},J_{32},J_{44},J_{18},J_{21}, J_{34},J_{14},J_{43},J_{29},J_{36},J_{16},J_{45},J_{22},J_{37},J_{12},J_{53},J_{35},J_{72},J_{56},$J_{(7,12)}$,J_{63},J_{84},J_{74},J_{59}, J_{81},J_{67},$J_{(7,11)}$,J_{58},J_{82},J_{65},$J_{(7,10)}$,J_{54},J_{87},J_{64},J_{51},J_{71}
所属车辆	1,2,1,2,1,2,2,1,2,1,1,2,1,2,2,1,2,1,2,1,1,2,2,1,2,1,2,1,1,2,1,2,1,2,2,1,2, 1,1,2,1,2,1,2,1,2,1,2,1,2,1,2,1,2,1,2,2,1,2,1,2,1,2,1,2,1,2,1,1,2
出库站号	1,4,1,4,2,3,4,1,4,1,1,4,1,3,3,1,3,1,3,1,2,4,4,3,4,2,3,2,1,4,2,3,2,4,3,2,2, 1,1,2,1,2,1,2,1,2,1,3,2,4,3,4,3,4,4,3,4,3,4,4,3,4,3,4,3,4,3,3,4
开始时间/s	17,17,36.25,36.25,55.5,55.5,74.75,74.75,94,94,113.25,113.25,132.5,132.5, 151.75,151.75,171,171,190.25,190.25,209.5,210.75,230,230,249.25,251.75, 269.75,271,290.25,290.25,309.5,309.5,328.75,328.75,348,348,368.5,368.5, 387.75,387.75,407,407,426.25,426.25,445.5,445.5,464.75,464.75,484,485.25, 504.5,505.75,525,525,544.25,544.25,563.5,563.5,582.75,582.75,602,602, 621.25,621.25,640.5,640.5,659.75,659.75,679,679